ま え が き

　一般財団法人建設業振興基金が実施する建設業経理士検定試験（旧建設業経理事務士検定試験）は，昭和56年の第1回目の試験から，建設業における経理会計の知識の普及，また会計担当者の能力の向上を図ることを目的にして毎年実施されている。合格者は建設業において経理知識に関する一定の知識を持つ者として，その能力を認定することが平成6年以降建設省（現：国土交通省）からも認められ，各企業内において経理に関する重要な任務を担当することになった。

　同時に平成6年から，2級以上の有資格者の数が公共事業の入札に係る経営事項審査の評価対象になることとなり，建設業界の中では経理担当者のみならず業界全体で多くの関係者がこの試験を目標とすることになった。

　また，平成18年4月の法令改正により，建設業経理事務士の1級と2級が「建設業経理士」と名称が改められ，それぞれ「1級建設業経理士」「2級建設業経理士」として新たな称号が与えられることになった。

　このような経緯の中で，この試験を目指す多くの方々から，直近の試験問題と詳細な解答，解説の付いた過去問題集が欲しいという要望があったため，僭越であるが弊社で本書を発行することにした。

　本書は，過去10回の試験で出題された問題を基本にし，解答と解説を現行の会計に関連する法規，会計基準を参考にして掲載している。さらに，最近5回の出題傾向を一覧表にすることによりその内容を分析し，どのような問題が出題されているかを明らかにしている。また，級別の出題区分表や勘定科目表，財務分析主要比率表も収録し，各級の受験にあたり万全の対策が可能となるように内容を構成したつもりである。

　受験者各位が本書を大いに活用して，建設業経理に関する造詣を深め，願わくは目標とする各級の試験に合格し，この受験に際して身に付けた知識を，その業務の中で大いに活用していただきたいと思う。

　令和6年5月

編　　者

建設業経理士検定試験のご案内

〈上期〉

◆◆試　験　日◆◆

毎年9月上旬

◆◆申込受付期間◆◆

毎年5月頃

〈下期〉

◆◆試　験　日◆◆

毎年3月上旬

◆◆申込受付期間◆◆

毎年11月頃

◆◆問い合わせ先◆◆

一般財団法人建設業振興基金

経理試験課

〒105-0001　東京都港区虎ノ門4-2-12

☎ 03-5473-4581

URL　https://www.keiri-kentei.jp/

CONTENTS

目　　次

まえがき

問　題　編

CONTENTS

解答・解説編

出題傾向分析と今後の予想

　平成17年度の建設業経理事務士の試験が実施された後，平成18年4月に法令の改正により，建設業法施行規則により新たに「登録経理試験制度」が創設された。

　建設業経理事務士の試験を実施していた㈶建設業振興基金では，登録経理試験の実施機関として国土交通省への登録申請を行い，平成18年6月に，従来実施していた1級と2級の建設業経理事務士を改め「1級建設業経理士」「2級建設業経理士」として試験を実施するための登録証の交付を受けることとなった。

　これを踏まえて，1級と2級の建設業経理士の検定試験用の「出題区分表」「級別勘定科目表」が，（一財）建設業振興基金から公表されるに至った。この出題区分表，勘定科目表は，平成18年5月から新たに施行されることとなった会社法や同時点における会計基準を考慮された内容となっている。これにより，平成18年度の試験からは，新たな勘定科目や出題区分表を考慮した学習対策が必要になっている。

　本書は，このような事情を踏まえて，過去10回分の出題内容を総点検して，現行の法規，会計基準に添った内容にするために，出題内容を一部修正している部分がある。これは，過去の法規会計基準による問題，解答をそのままの形で解いたとしても，受験のための対策や分析にはならないので，本年度受験のための最適な情報提供のための修正であると理解してほしい。

　ただ，新しい試験になったことにより，その内容やレベルが大きく変わるものではないので，本書において過去の出題傾向などをじっくり分析して，その対策に役立ててほしい。

出題傾向分析と合格のための学習方法

　本年度の建設業経理士（経理事務士）の試験も公表されている日程に従って実施されるものと予想される。この試験も回数を相当数重ねているが，平成6年度からの公共事業の入札に係る経営事項審査の評価対象としての位置付けから，最近では，建設業における経理知識の向上に大きく資する感がある。一時の各建設会社からの組織的な受験者数から考えると，最近の受験生の数は減少しているのが事実である。しかし，受験者の多くは，その事務において本当に建設業に関する知識を必要としている者であり，本来の意味で真面目に学習した受験生が毎年実施されるこの試験を受験しているものと思われる。

　（一財）建設業振興基金では，毎年何らかの形で出題区分表や級別勘定科目表などに修正を加えながら，近年激しく変化している会計基準に対応している。最近の出題では，各級の内容にこの新しい会計基準が反映された出題がなされている。本書は，過去10回分の問題をそのままの状態で掲載し，これに関する解答，解説を示すことを基本に作成しているが，すでに当時の出題内容が現在は廃止されているもの，また内容に大きな改正が生じているものもあり，このような事項は現行の会計基準を適用して解答，解説をしている。

　建設業経理士（経理事務士）の試験は，4級から1級までの各レベルに応じて受験生が各級を受験することができるように配慮されているが，特に経営事項審査の評価対象が2級以上の合格者という事情があることからも，3級よりも2級から受験をする方が多いようである。いうまでもないが，2級は3級の基礎的な知識を前提にし，3級の知識の上に更なる知識の上積みがあって受験が可能なはずである。しかし，実情は3級の知識が乏しいまま2級の受験を試みる方が非常に多い。このような受験をする方の典型的な学習方法が，本書のような問題集を何度か解答し，その内容を理解するのではなく，出題傾向に従った丸暗記をして本試験に臨むような学習である。

　商業簿記や工業簿記の知識がないという受験生は，やはり2級の知識を正しく身に付けるために，受験参考書をきちんと読みながらその基本的知識を身に付けるほうが，遠回りのようであるが正しい学習方法である。過去試験に直ちに取組むのではなく，基礎から正しい知識を吸収するようにしてほしい。

　2級の出題は，最近は非常に安定している感がある。ただ，これは2級レベルに相応の出題内容であるという意味であり，3級のように毎年同じような問題が繰り返し出題され，その対策が容易にできるという意味ではない。本書では，最近10回分の問題・解答・解説を掲載している。古い問題からでも最近の問題からでも順番に解答すれば，その傾向はおのずと把握することができる。

　合格のためには，第4問の完成工事原価報告書の問題と第5問の精算表を克服することが重要な課題であるから，これらの問題につき充分な対策を心掛けてほしい。

（２級レベルの知識習得）

　前述したが，建設業経理士２級の受験を，公共事業の入札に係る経営事項審査対象の目的として社命により受験する方も多いはずである。このような方の中には，経理会計の知識がまったく無く，経理会計の学習が初めてという方もいるはずである。残念ながら，そのような方が経理会計の何の知識もないまま本書を利用することは不可能である。また，３級の試験を過去問題集だけを使って合格した方も同様に，本書の利用だけで２級に合格することは困難である。やはり，２級は正しい工業簿記や建設業経理に関する知識がなければ合格することは難しい。

　２級レベルの知識を身に付けるためには，２級受験対策用のテキスト，参考書を購入して，まずその基本的な知識を養わなければならない。建設業の経理は，工業簿記とりわけ原価計算における個別原価計算の知識とこれにまつわる間接費や部門費会計に関する理解が最低限必要である。そこで，直ちに本書のような計算問題に取組む前に，まずその全体を理解して，それから簡単な演習にチャレンジして計算力を養ってほしい。

　結果的に，この学習方法のほうが遠回りのように見えるが，実は確実で間違いのない学習方法であると考えてほしい。

（合格のための戦略的学習）

　２級の出題項目の過去出題問題を分析すると，３級ほどではないが，その傾向は明確である。唯一不安であるのは，第２問の計算問題であるが，この出題も１～２題の新傾向の問題を除けば，ほぼ過去における出題を踏襲しているのでそれほど心配はない。幸い第２問の配点はおおむね12点程度と低いために，この１～２題の問題が解答できないことが致命的な失点につながるとは思えない。

　特に，第４問と第５問の出題傾向が明白であるので，完成工事原価報告書の作成手順（計算方法）と精算表の作成練習を繰り返すことにより，合格レベルの実力を養成することが重要である。その意味では，第４問と第５問は何度も解答を重ねて自分自身の解法テクニックのようなものを身に付けることが大事である。

　また，第１問の仕訳問題も出題傾向やレベルが安定しているので，過去問題を充分に分析してほしい。ただ最近は，この仕訳問題５題中の１題程度は新傾向の問題も出題されるために，20点満点を目指すのではなく，広い範囲での過去問題の分析をしてほしい。

過去5回（第30回～第34回）の出題内容の分析

問題＼回数	第 30 回	第 31 回	第 32 回	第 33 回	第 34 回
〔第1問〕 仕　訳 （20点）	(1) 新株式申込証拠金 (2) 決算時の消費税 (3) 機械装置の売却 (4) 完成工事高 (5) 手形貸付金	(1) 投資有価証券購入 (2) 資本的支出 (3) 増資 (4) 完成工事高 (5) 完成工事補償引当金	(1) 減資 (2) 未払法人税等 (3) 交換取得資産 (4) 貸倒債権回収 (5) 完成工事高	(1) 別途積立金取崩 (2) 自社家屋完成 (3) 端数利息計上 (4) 火災未決算計上 (5) 過年度工事補修	(1) 有価証券売却 (2) 自社家屋契約 (3) 貸倒発生 (4) 資本準備金の資本組入 (5) 完成工事高
〔第2問〕 計算問題 （12点）	(1) 本店勘定残高 (2) 総合償却 (3) 当座預金残高 (4) 材料評価損	(1) 交換取得資産 (2) 社債償還益 (3) 本支店勘定 (4) 仮払消費税	(1) 当月末未払賃金 (2) 当座預金残高 (3) 固定資産売却損 (4) 保険差益	(1) 材料評価損 (2) 完成工事高 (3) 平均耐用年数 (4) 賞与引当金	(1) 労務費の算定 (2) 支店勘定残高 (3) 当座預金残高 (4) 営業権の償却
〔第3問〕 原価計算 （14点）	未成工事支出金その他勘定口座への転記	先入先出法等による材料費計算	労務費の予定配賦	部門費振替表 階梯式配賦法	未成工事支出金他勘定口座の転記
〔第4問〕 原価計算 （24点）	営業費の種類 部門費振替表	原価の概念 工事別原価計算表	部門費配賦基準 完成工事原価報告書	工事原価，期間原価 工事別原価計算表	工事原価算入，不算入 部門費振替表
〔第5問〕 精　算　表 （30点） (1) 貸倒引当金の計上	○（差額補充法）	○（差額補充法）	○（差額補充法）	○（差額補充法）	○（差額補充法）
(2) 有価証券評価損	×	×	×	○	×
(3) 減価償却費の計上	○	○	○	○	○
(4) 退職給付引当金の繰入れ	○	○	○	○	○
(5) 工事補償引当金の計上	○	○	○	○	○
(6) 未成工事支出金の計上	○	○	○	○	○
(7) 前払費用	○	×	×	×	×
(8) 未払費用	×	×	×	×	×
(9) 前受収益	×	×	×	×	×
(10) 未収収益	×	×	×	×	×
(11) その他	現金過不足	当座預金残高 材料減耗損	賞与引当金繰入	現金過不足	現金過不足 貸倒引当金戻入

各問題別の傾向とその対策

〔第1問〕

　第1問は，3級と同様に20点満点で5題の仕訳が出題される。仕訳は，おそらく1題当たり5点として採点されているであろうから，この第1問でできるだけ多くの正解を出せば得点上大変に有利である。

　3級同様に，ここで出題される仕訳の多くは，一定の傾向のようなものがあり，その出題される項目は，ほぼ同じ範囲からと考えて差し支えない。ただ，1題だけは，新たな領域から仕訳が出題されることもあり，このような問題は，広い範囲の学習を基礎からした者でなければ解答することはできない。ただ，不正解であっても，これが致命的なミスにつながるわけではない。

　また，この仕訳問題には，使用が認められる勘定科目が指定されている。この勘定科目の例示は，ヒントであると同時に落し穴になる危険性も持っているので，正確な知識を持っている取引であれば良いが，そうではない時は消去法などで正しいと思われる勘定科目を選択してほしい。

　最近の出題から，特に学習対策をしてほしい項目を挙げれば，次のような内容である。

　（主な出題項目）

　　　1．当座借越
　　　2．手形取引（裏書，割引，不渡，営業外など）
　　　3．有価証券の取得，売却
　　　4．剰余金の処分
　　　5．固定資産（資本的支出，建設仮勘定など）
　　　6．法人税等の計上
　　　7．工事進行基準による完成工事高

〔第2問〕

　第2問は，会計全般また建設業および工業簿記に関する個別問題が，12点満点で4題出題される。第1問の仕訳と比較すると問題の難易度は，明らかに第2問の方が低く，また配点も当然こちらのほうが低い。したがって，第2問も何問か失敗しても，合否には大きな影響はないと考えてほしい。

　過去の問題を見ると，類似する問題が繰り返し出題されているが，最近は1題程度は新しい領域から出題されているようである。

　（主な出題項目）

　　　1．貸倒引当金の設定関係
　　　2．本支店会計
　　　3．利益準備金の積立

  4．工事収益の計上に関する処理

  5．銀行勘定調整表

〔第3問〕

　第3問は，費目別計算及び部門別計算を出題領域として，個別的な出題がなされることが多い。ごくまれに，部門費配賦表を作成させるような問題が出題されることもある。

　第3問は14点満点であり，出題領域がある程度限定されており，過去10年間における出題内容を検討しても類似した問題が何度も出題されている。したがって，第3問は，満点を目標にして，その対策をしてほしい。

　この第3問は，工事間接費（部門費）の本質的な意味を理解していることが重要である。工事間接費を理解するためには，各原価要素別の費目別計算を前提にし，工事直接費との区別や配賦方法などについての知識も必要である。

　これらを踏まえて，工事間接費を中心に，どのような問題が出題されているのかを検討すると次のような項目が重要項目であると考えることができる。

　　（主な出題項目）

　　　1．工事間接費の配賦基準

　　　2．工事間接費の配賦差異の把握

　　　3．部門費配賦表の作成（直接配賦法，階梯式配賦法）

　　　4．人件費の配賦等

　　　5．先入先出法などによる材料費の消費額計算

〔第4問〕

　第4問は，建設業の全工事の原価管理に関する総合的な出題がなされている。解答用紙を見れば，未成工事支出金勘定の完成であったり，いくつかの勘定を完成させるものや，工事原価計算表の作成，また工事原価報告書の完成などすっきりした出題が行われている印象を受ける。しかし，実際に問題として与えられる資料は，一会計期間の全工事に関するものであるために，各工事別の着工から完成，引渡までを正しく把握していなければ，解答を算出することはできない。

　また近年は，第4問の中で工事原価計算表や完成工事原価報告書を作成するだけではなく，別途資料を与えて小設問の出題をしたり，第4問全体の資料の中から個別的な小問題が出題されている。これは，第4問全体で正解を求めるのではなく，むしろ個別の設問により正解を得る可能性があるため，受験生にとっては有利な出題形式であると考えることができる。

　最近における第4問の出題傾向を考えると，次のような内容を中心にして対策をすべきであろう。

　　（主な出題項目）

　　　1．完成工事原価報告書の完成

　　　2．工事間接費配賦差異の算出

　　　3．工事原価計算表の完成

　　　4．未成工事支出金勘定の作成

〔第5問〕

　第5問は，30点満点で精算表が出題され，2級の試験では合否の分岐点になる重要な問題である。しかし，その出題内容は毎年ほぼ定型化しているために，精算表を作成する練習を相当量積めば，その対策は容易である。

　精算表は，解答欄の中の整理記入欄に，決算整理仕訳を記入し，残高試算表の金額を考慮して，損益計算書と貸借対照表に金額を移記しながら完成させる。この金額を左側から右側へ移動させる際に，簿記独特のプラス，マイナスの考え方が必要である。各自実際の解答用紙を作成しながら，その独特のテクニックを理解してほしい。

　各回に出題される決算整理項目はほぼ同じであるために，毎回出題される項目はもちろん，下記のような特殊な決算整理事項にも慣れておく必要がある。

　　（その他の決算整理事項）

　　　1．未払法人税等

　　　2．現金過不足

　　　3．不渡手形

　　　4．仮払金の精算

建設業経理士検定試験要領

　一般財団法人建設業振興基金では，建設業経理士検定試験の出題区分表，級別勘定科目表，財務分析主要比率表を発表しています。

① 出 題 区 分 表：建設業経理士検定試験問題は，出題区分表に基づき作成されます。

② 級 別 勘 定 科 目 表：各級に用いられる勘定科目の典型的なものを例示したものです。なお，区分欄の，資産系統，負債系統，資本（純資産）系統，収益・利益系統，費用・損失系統，工事原価系統，その他の分類は，学習上の便宜に供するためのものです。

③ 財務分析主要比率表：建設業経理士検定試験問題のうち，財務分析に係る問題については，主として財務分析主要比率表により出題します。

出 題 区 分 表 （1級・2級）

　建設業経理士検定試験・建設業経理事務士検定試験は，商法，会社法，建設業法などの関連法令および会計基準等を踏まえ，「出題区分表」「財務分析主要比率表」を制定し，これらを主な範囲として試験問題を出題しています。

　なお，出題範囲等については，令和5年12月1日現在で施行・適用されている関連法令等に基づくものとします。

2　　級	1　　級
第1　簿記・会計の基礎 　1　基本用語 　　ア　資産，負債，資本（純資産） 　　イ　収益，費用 　　ウ　損益計算書と貸借対照表との関係 　2　取引 　　ア　取引の意味と種類 　　イ　取引の8要素とその結び付き 　3　勘定と勘定記入 　　ア　勘定の意味と分類 　　イ　勘定記入の法則 　　ウ　仕訳の意味 　　エ　貸借平均の仕組みと試算表 　4　帳簿 　　ア　主要簿（仕訳帳，総勘定元帳） 　　イ　補助簿 　5　伝票と証憑 　　ア　伝票と伝票記入 　　イ　帳簿への転記 　　ウ　証憑	 　6　会計公準 　7　会計基準 　8　会計法規
第2　建設業簿記・会計の基礎 　1　建設業の経営及び簿記の特徴 　2　建設業の勘定 　　ア　完成工事高 　　イ　完成工事原価 　　　a　材料費 　　　b　労務費 　　　c　外注費 　　　d　経費 　　ウ　未成工事支出金 　　エ　完成工事未収入金（得意先元帳） 　　オ　未成工事受入金（得意先元帳） 　　カ　工事未払金（工事未払金台帳） 　3　完成工事原価報告書 **第3　完成工事高の計算** 　1　工事収益の認識 　　ア　工事完成基準 　　イ　工事進行基準 　　ウ　工事部分完成基準 　2　工事収益の計算	

2 級	1 級
第4 原価計算の基礎 　1　原価計算の目的 　2　原価計算システム 　　ア　原価計算制度の意義 　　イ　特殊原価調査の意義 　3　原価の一般概念 　　ア　原価の本質 　4　原価の基本的諸概念 　　ア　事前原価，事後原価 　　イ　プロダクトコスト，ピリオドコスト 　　ウ　全部原価，部分原価 　5　制度的原価の基礎的分類基準 　　ア　発生形態別分類 　　イ　作業機能別分類 　　ウ　計算対象との関連性分類 　　エ　操業度との関連性分類 　6　原価計算の種類 　　ア　事前原価計算，事後原価計算 　　イ　総原価計算，製造原価計算 　　ウ　形態別原価計算，機能別原価計算 　　エ　個別原価計算，総合原価計算 **第5 建設工事の原価計算** 　1　建設業の特質と原価計算 　2　原価計算期間，原価計算単位 　3　積算上の工事費の概念と会計上の工事原価との 　　関係 　4　工事契約会計における原価計算 　　ア　収益認識基準と原価計算の関係 　5　工事原価計算の基本ステップ 　　ア　費目別計算 　　イ　部門別計算 　　ウ　工事別計算 **第6 材料費の計算** 　1　材料，材料費の分類 　2　材料の購入原価 　　ア　購入時資産処理法 　　イ　購入時材料費処理法 　3　材料費の計算 　　ア　消費量の計算 　　イ　消費単価の計算 　　　a　原価法 　　　　（先入先出法，移動平均法，総平均法） 　4　期末棚卸高の計算 　　ア　棚卸減耗損 　　イ　材料評価損 　5　材料元帳 　6　仮設材料費の計算	 　イ　非原価項目 　エ　実際原価，標準原価 　オ　その他の分類 　オ　付加原価計算，分割原価計算 　イ　工事進行基準における工事進捗度 　ウ　工事進行基準における原価の範囲 　b　予定価格法

2　級	1　級
ア　すくい出し法	
	イ　損料計算方式
第7　労務費の計算	
1　労務費の分類	
2　労務費の計算	
ア　作業時間の計算	
イ　消費賃率の計算	
第8　外注費の計算	
1　外注費の分類	
2　外注費の計算	
3　労務外注費の意義と処理	
第9　経費の計算	
1　経費の分類	
ア　工事経費	
イ　現場管理費	
2　経費の計算	
第10　工事間接費（現場共通費）の意義と配賦	
1　工事間接費の意義	
2　工事間接費の配賦	
ア　実際配賦法	
イ　予定配賦法	
a　予定配賦率の計算	
	b　固定予算と変動予算
c　操業度の意義	
d　配賦差異の計算	
	ウ　正常配賦法
	エ　活動基準原価計算（ＡＢＣ）
第11　工事原価の部門別計算	
1　部門別計算の意義	
2　原価部門の意義	
3　部門共通費の配賦	
4　補助部門費の配賦	
a　直接配賦法	
b　階梯式配賦法	
c　相互配賦法（簡便法）	
	d　相互配賦法（連立方程式法）
5　部門費の工事への配賦	
ア　配賦の方法	
イ　配賦差異の計算	
	ウ　配賦差異の期末処理
	6　補助部門の施工部門化
	7　社内センター制度
	8　損料計算制度
	ア　機械の損料計算
	イ　仮設材料の損料計算
第12　工事別原価計算	
1　個別原価計算の手続き	
2　工事台帳と原価計算表	
3　完成工事原価報告書	
ア　労務外注費の表示	

2　級	1　級
イ　人件費の内書 　4　工事に係る営業費・財務費の処理	
	第13　総合原価計算の基礎 　1　建設業と総合原価計算 　2　総合原価計算の体系 　3　単純総合原価計算 　4　等級別総合原価計算 　5　組別総合原価計算 　6　連産品，副産物の原価計算 　7　工程別総合原価計算
	第14　原価管理（コスト・マネジメント）の基本 　1　内部統制と実行予算管理 　2　標準原価計算制度と原価差異分析 　3　原価企画・原価維持・原価改善 　4　品質原価計算 　5　ライフサイクル・コスティング
	第15　経営意思決定の特殊原価分析 　1　短期差額原価収益分析 　2　設備投資の経済性計算
第16　取引の処理 　1　現金・預金 　ア　現金 　イ　現金過不足 　ウ　当座預金，その他の預金 　エ　当座借越 　オ　小口現金 　カ　現金出納帳 　キ　当座預金出納帳 　ク　小口現金出納帳 　ケ　銀行勘定調整表 　2　有価証券 　ア　有価証券の売買 　イ　有価証券の評価 　ウ　有価証券の預かり，差入れ 　エ　投資有価証券 　3　債権，債務 　ア　貸付金，借入金 　イ　未収入金，未払金 　ウ　前渡金，前受金 　エ　立替金，預り金 　オ　仮払金，仮受金 　4　手形 　ア　手形の振出し，受入れ，引受け，支払い 　イ　営業外支払（受取）手形 　ウ　手形の裏書，割引 　エ　手形の更改，不渡 　オ　保証債務の計上・取崩 　カ　受取手形記入帳，支払手形記入帳 　キ　手形貸付，手形借入 　5　社債 　ア　発行 　イ　利払 　ウ　償還	

2　級	1　級
	エ　新株予約権付社債
	6　デリバティブ取引とヘッジ会計
7　棚卸資産	
ア　未成工事支出金	
a　工事完成基準の場合の処理	
b　工事進行基準の場合の処理	
	c　期末評価と工事損失引当金
イ　材料貯蔵品	
	ウ　販売用不動産
	a　取得
	b　建設途中の処理
	c　期末評価
8　固定資産	
ア　固定資産の取得	
イ　建設仮勘定	
ウ　減価償却	
a　直接法，間接法	
b　定額法，定率法，生産高比例法	
	c　級数法
d　総合償却法	
	e　取替法
	エ　固定資産の減損
オ　固定資産の売却，除却	
カ　無形固定資産	
キ　投資その他の資産	
ク　固定資産台帳	
	9　資産除去債務
	10　リース会計
11　繰延資産	
12　引当金	
ア　貸倒引当金	
イ　完成工事補償引当金	
ウ　退職給付引当金	
	エ　工事損失引当金
	オ　その他の引当金
カ　その他の引当金	
	13　退職給付会計
14　収益，費用	
ア　販売費及び一般管理費	
イ　営業外損益	
ウ　特別損益	
エ　費用の前払い，未払い	
オ　収益の未収，前受け	
カ　租税公課，法人税等，消費税	
	15　収益認識基準※
	16　税効果会計
	17　外貨換算会計
	18　企業結合会計
	19　事業分離会計
	20　会計上の変更および誤謬の訂正
第17　決算	
1　試算表	
2　精算表	
3　決算整理	
4　収益・費用の損益勘定への振替	
5　純損益の振替	

2 　 級	1 　 級
ア　資本金勘定への振替	
イ　繰越利益剰余金勘定への振替	
6　帳簿の締切	
ア　英米式	
イ　大陸式	
7　繰越試算表	
第18　個人の会計	
1　個人の資本金	
2　事業主勘定（追加出資と引出し）	
第19　会社の会計	
1　会社の資本金	
ア　設立	
a　金銭の出資	
	b　現物出資
イ　資本金の変動	
	ウ　株式の転換
	エ　株式の償還，消却
	オ　株式分割
2　資本剰余金	
ア　資本準備金	
a　株式払込剰余金	
b　合併差益	
	c　株式交換剰余金，株式移転剰余金
	d　会社分割剰余金
	イ　資本準備金の変動
ウ　その他資本剰余金	
	エ　その他資本剰余金の変動
3　利益剰余金	
ア　利益準備金	
	イ　利益準備金の変動
ウ　その他利益剰余金	
a　任意積立金	
b　繰越利益剰余金	
	エ　その他利益剰余金の変動
	4　自己株式
	5　評価・換算差額等
	6　新株予約権
第20　計算書類と財務諸表	
1　計算書類，財務諸表の種類	
ア　貸借対照表	
イ　損益計算書	
	ウ　株主資本等変動計算書
	エ　キャッシュ・フロー計算書
	オ　個別注記表
	カ　附属明細表，附属明細書
2　計算書類，財務諸表の区分表示	
	3　四半期財務諸表，中間財務諸表
第21　本支店会計	
1　本支店間取引の処理	
2　未達事項の処理	
3　内部利益の除去	
4　本支店損益計算書の合併	
5　本支店貸借対照表の合併	

2　　級	1　　級
	第22　連結財務諸表
	1　一般原則
	2　一般基準
	3　連結貸借対照表
	4　連結損益計算書
	5　連結包括利益計算書
	6　連結株主資本等変動計算書
	7　連結キャッシュ・フロー計算書
	8　四半期財務諸表，中間連結財務諸表
	9　連結注記表
	10　連結附属明細表
	第23　共同企業体の会計
	1　共同企業体の性格と種類
	2　共同企業体会計の基本原則
	3　共同企業体取引の会計処理
	ア　独立会計方式による会計処理
	イ　代表（スポンサー）企業の会計処理
	ウ　その他構成員（サブ）企業の会計処理
	4　共同企業体の決算
	第24　財務分析
	1　財務分析の意義
	2　財務分析の基本的手法
	ア　静態分析・動態分析
	イ　自己単一分析・自己比較分析・企業間比較分析
	ウ　実数分析・比率分析
	3　財務諸表の分析
	ア　貸借対照表の分析
	イ　損益計算書の分析
	ウ　キャッシュ・フロー計算書の分析
	4　収益性の分析
	ア　資本利益率分析
	イ　対完成工事高分析
	ウ　損益分岐点分析・ＣＶＰ分析
	5　安全性の分析
	ア　流動性分析
	イ　健全性分析
	ウ　資金変動性分析
	6　活動性の分析
	7　生産性の分析
	8　成長性の分析
	9　総合評価の方法
	10　経営事項審査の総合評価

※企業会計基準第29号「収益認識に関する会計基準」および企業会計基準適用指針第30号「収益認識に関する会計基準の適用指針」による，会計処理や財務諸表上の表示の変更については，当面の間，出題しないこととする。

級別勘定科目表（参考）

1．勘定科目は典型的なものの例示であり，出題範囲を示すものではない。
2．1級の勘定科目には，2級の勘定科目が含まれる。

	2　級	1　級
資産系統	現金	親会社株式
	小口現金	販売用不動産
	当座預金	繰延税金資産
	普通預金	リース資産
	通知預金	前払年金費用
	定期預金	長期性預金
	別段預金	関係会社株式
	受取手形	関係会社出資金
	完成工事未収入金	投資不動産
	有価証券	創立費
	未成工事支出金	開業費
	材料	開発費
	貯蔵品	ＪＶ出資金
	前渡金	金利スワップ（資産）
	貸付金	オプション（資産）
	手形貸付金	
	前払保険料	
	前払地代	
	前払家賃	
	前払利息	
	未収家賃	
	未収利息	
	未収手数料	
	営業外受取手形	
	未収入金	
	立替金	
	仮払金	
	仮払法人税等	
	仮払消費税	
	未収消費税	
	貸倒引当金	
	建物	
	構築物	
	機械装置	
	船舶	
	車両運搬具	
	工具器具	
	備品	
	減価償却累計額	
	土地	
	建設仮勘定	
	のれん	

	2　級	1　級
	特許権 借地権 実用新案権 電話加入権 施設利用権 投資有価証券 出資金 長期貸付金 破産債権，更生債権等 不渡手形 長期前払費用 差入保証金 差入有価証券 株式交付費 社債発行費	
負債系統	支払手形 工事未払金 借入金 手形借入金 当座借越 未払金 未払地代 未払家賃 未払利息 未払配当金 未払法人税等 未成工事受入金 預り金 前受家賃 前受地代 前受利息 仮受金 仮受消費税 未払消費税 賞与引当金 修繕引当金 完成工事補償引当金 営業外支払手形 社債 長期借入金 長期未払金 退職給付引当金 保証債務	繰延税金負債 資産除去債務 リース債務 工事損失引当金 債務保証損失引当金 損害補償損失引当金 特別修繕引当金 新株予約権付社債 ○○社出資金（ＪＶ会計） 金利スワップ（負債） オプション（負債）

	2　級	1　級
資本（純資産）系統	資本金 事業主借勘定 事業主貸勘定 新株式申込証拠金 資本剰余金 資本準備金 株式払込剰余金 資本金減少差益（減資差益） 合併差益 利益剰余金 利益準備金 新築積立金 配当平均積立金 減債積立金 別途積立金 繰越利益剰余金	資本準備金減少差益 自己株式処分損益 圧縮記帳積立金 海外投資等損失準備金 自己株式 自己株式申込証拠金 その他有価証券評価差額金 繰延ヘッジ損益 土地再評価差額金 為替換算調整勘定 新株予約権 非支配株主持分
収益・利益系統	受取利息 受取地代 完成工事高 有価証券利息 受取配当金 受取家賃 受取手数料 有価証券売却益 仕入割引 雑収入 償却債権取立益 貸倒引当金戻入 完成工事補償引当金戻入 固定資産売却益 投資有価証券売却益 社債償還益 保険差益 保証債務取崩益	負ののれん 為替差益 オプション評価益 スワップ評価益 国庫補助金 工事負担金 有価証券評価益

	2　級	1　級
費用・損失系統	完成工事原価 役員報酬 役員賞与 給料手当 賞与引当金繰入額 退職金 退職給付引当金繰入額 法定福利費 福利厚生費 修繕維持費 事務用消耗品費 通信費 旅費交通費 水道光熱費 調査研究費 広告宣伝費 貸倒引当金繰入額 貸倒損失 交際費 寄付金 支払地代 支払家賃 減価償却費 租税公課 保険料 雑費 支払利息 社債利息 社債発行費償却 株式交付費償却 有価証券売却損 有価証券評価損 手形売却損（手形割引料） 保証料 売上割引 材料評価損 棚卸減耗損 雑損失 前期工事補償費 固定資産売却損 固定資産除却損 投資有価証券売却損 投資有価証券評価損 社債償還損 災害損失 保証債務費用	退職給付費用 のれん償却 開発費償却 創立費償却 開業費償却 為替差損 オプション評価損 スワップ評価損 資産圧縮損 減損損失

	2　級	1　級
工事原価系統	完成工事原価	純工事費
	材料費	直接工事費
	労務費	共通仮設費
	外注費	現場管理費
	経費	材料価格差異
	未成工事支出金	材料消費量差異
	仮設材料費	材料副費
	人件費	材料副費配賦差異
	動力用水光熱費	賃率差異
	機械等経費	作業時間差異
	設計費	損料差異
	労務管理費	予算差異
	租税公課	操業度差異
	地代家賃	能率差異
	保険料	
	従業員給料手当	
	退職金	
	退職給付引当金繰入額	
	法定福利費	
	福利厚生費	
	事務用品費	
	通信交通費	
	交際費	
	補償費	
	雑費	
	出張所等経費配賦額	
	保証料	
	工事間接費（現場共通費）	
	施工部門費	
	補助部門費	
	仮設部門費	
	機械部門費	
	車両部門費	
	工事間接費配賦差異	
	部門費配賦差異	

	2　級	1　級
その他	損益 残高 当座 現金過不足 火災未決算 法人税，住民税及び事業税 積立金目的取崩額 配当金 割引（裏書）手形 手形割引（裏書）義務 手形割引（裏書）義務見返 本店 支店 内部利益控除引当金 内部利益控除 内部利益控除引当金戻入 材料売上 材料売上原価	法人税等調整額 積立金目的外取崩額 中間配当額 利益準備金積立額 非支配株主損益

財務分析主要比率表

基 本 比 率		関 連 比 率	
比 率 名	算　　式	比 率 名	算　　　式

収益性比率

	基本比率名	基本算式		関連比率名	関連算式
収	1．総資本経常利益率	$\dfrac{経\ 常\ 利\ 益}{総\ 資\ 本(※)}\times100$	①	総資本営業利益率	$\dfrac{営\ 業\ 利\ 益}{総\ 資\ 本(※)}\times100$
			②	総資本事業利益率	$\dfrac{事\ 業\ 利\ 益}{総\ 資\ 本(※)}\times100$
			③	総資本当期純利益率	$\dfrac{当\ 期\ 純\ 利\ 益}{総\ 資\ 本(※)}\times100$
益	2．経営資本営業利益率	$\dfrac{営\ 業\ 利\ 益}{経\ 営\ 資\ 本(※)}\times100$	④	総資本売上総利益率	$\dfrac{売\ 上\ 総\ 利\ 益}{総\ 資\ 本(※)}\times100$
	3．自己資本当期純利益率	$\dfrac{当\ 期\ 純\ 利\ 益}{自\ 己\ 資\ 本(※)}\times100$	⑤	自己資本事業利益率	$\dfrac{事\ 業\ 利\ 益}{自\ 己\ 資\ 本(※)}\times100$
性			⑥	自己資本経常利益率	$\dfrac{経\ 常\ 利\ 益}{自\ 己\ 資\ 本(※)}\times100$
			⑦	資本金経常利益率	$\dfrac{経\ 常\ 利\ 益}{資\ 本\ 金(※)}\times100$
	4．完成工事高経常利益率	$\dfrac{経\ 常\ 利\ 益}{完\ 成\ 工\ 事\ 高}\times100$	⑧	完成工事高総利益率	$\dfrac{完\ 成\ 工\ 事\ 総\ 利\ 益}{完\ 成\ 工\ 事\ 高}\times100$
比			⑨	完成工事高営業利益率	$\dfrac{営\ 業\ 利\ 益}{完\ 成\ 工\ 事\ 高}\times100$
	5．完成工事高キャッシュ・フロー率（キャッシュ・フロー対売上高比率）	$\dfrac{純キャッシュ・フロー}{完\ 成\ 工\ 事\ 高}\times100$	⑩	完成工事高一般管理費率	$\dfrac{販売費及び一般管理費}{完\ 成\ 工\ 事\ 高}\times100$
率	6．損益分岐点完成工事高	$\dfrac{固\ \ 定\ \ 費}{1-\dfrac{変\ 動\ 費}{完\ 成\ 工\ 事\ 高}}$ （円）			
	7．損益分岐点比率	$\dfrac{損益分岐点の完成工事高}{実際（あるいは予定）の完成工事高}\times100$	⑪	損益分岐点比率（別法）	$\dfrac{販売費及び一般管理費＋支払利息}{完成工事総利益＋営業外収益－営業外費用＋支払利息}\times100$
			⑫	安全余裕率	$\dfrac{実際（あるいは予定）の完成工事高}{損益分岐点の完成工事高}\times100$ あるいは $\dfrac{安\ 全\ 余\ 裕\ 額}{実際（あるいは予定）の完成工事高}\times100$

流動性比率

	基本比率名	基本算式		関連比率名	関連算式
流	8．流動比率	$\dfrac{流動資産－未成工事支出金}{流動負債－未成工事受入金}\times100$	⑬	流動比率（別法）	$\dfrac{流\ 動\ 資\ 産}{流\ 動\ 負\ 債}\times100$
動	9．当座比率	$\dfrac{当\ 座\ 資\ 産}{流動負債－未成工事受入金}\times100$	⑭	当座比率（別法）	$\dfrac{当\ 座\ 資\ 産}{流\ 動\ 負\ 債}\times100$
性	10．立替工事高比率	$\dfrac{受取手形＋完成工事未収入金＋未成工事支出金－未成工事受入金}{完成工事高＋未成工事支出金}\times100$	⑮	未成工事収支比率	$\dfrac{未成工事受入金}{未成工事支出金}\times100$
比	11．流動負債比率	$\dfrac{流動負債－未成工事受入金}{自\ 己\ 資\ 本}\times100$	⑯	流動負債比率（別法）	$\dfrac{流\ 動\ 負\ 債}{自\ 己\ 資\ 本}\times100$
率			⑰	必要運転資金月商倍率	$\dfrac{必要運転資金}{完成工事高÷12}$ （月）

	基　本　比　率		関　連　比　率	
	比　率　名	算　　式	比　率　名	算　　式
流動性比率	12. 運転資本保有月数	$\dfrac{流動資産 - 流動負債}{完成工事高 \div 12}$（月）	⑱ 現金預金手持月数	$\dfrac{現金預金}{完成工事高 \div 12}$（月）
	13. 営業キャッシュ・フロー対流動負債比率	$\dfrac{営業キャッシュ・フロー}{流動負債（※）} \times 100$	⑲ 受取勘定滞留月数（受取勘定月商倍率）	$\dfrac{受取手形 + 完成工事未収入金}{完成工事高 \div 12}$（月）
			⑳ 完成工事未収入金滞留月数	$\dfrac{完成工事未収入金}{完成工事高 \div 12}$（月）
			㉑ 棚卸資産滞留月数	$\dfrac{棚卸資産}{完成工事高 \div 12}$（月）
健全性比率	14. 自己資本比率	$\dfrac{自己資本}{総資本} \times 100$		
	15. 負債比率	$\dfrac{流動負債 + 固定負債}{自己資本} \times 100$	㉒ 借入金依存度	$\dfrac{短期借入金 + 長期借入金 + 社債}{総資本} \times 100$
			㉓ 有利子負債月商倍率	$\dfrac{有利子負債}{完成工事高 \div 12}$（月）
			㉔ 負債回転期間	$\dfrac{流動負債 + 固定負債}{売上高 \div 12}$
			㉕ 純支払利息比率	$\dfrac{支払利息 - 受取利息及び配当金}{完成工事高} \times 100$
	16. 固定負債比率	$\dfrac{固定負債}{自己資本} \times 100$	㉖ 金利負担能力（インタレスト・カバレッジ）	$\dfrac{営業利益 + 受取利息及び配当金}{支払利息}$（倍）
	17. 固定比率	$\dfrac{固定資産}{自己資本} \times 100$		
	18. 固定長期適合比率	$\dfrac{固定資産}{固定負債 + 自己資本} \times 100$	㉗ 固定長期適合比率（別法）	$\dfrac{有形固定資産}{固定負債 + 自己資本} \times 100$
	19. 配当性向	$\dfrac{配当金}{当期純利益} \times 100$	㉘ 配当率	$\dfrac{配当金}{資本金} \times 100$
活動性比率	20. 総資本回転率	$\dfrac{完成工事高}{総資本（※）}$（回）		
	21. 経営資本回転率	$\dfrac{完成工事高}{経営資本（※）}$（回）		
	22. 自己資本回転率	$\dfrac{完成工事高}{自己資本（※）}$（回）		
	23. 棚卸資産回転率	$\dfrac{完成工事高}{棚卸資産（※）}$（回）		
	24. 固定資産回転率	$\dfrac{完成工事高}{固定資産（※）}$（回）	㉙ 受取勘定回転率	$\dfrac{完成工事高}{(受取手形 + 完成工事未収入金)（※）}$（回）
			㉚ 支払勘定回転率	$\dfrac{完成工事高}{(支払手形 + 工事未払金)（※）}$（回）
	（上記の各々に対する回転期間を含む）			
生産性比率	25. 職員1人当たり完成工事高	$\dfrac{完成工事高}{総職員数（※）}$（円）	㉛ 技術職員1人当たり完成工事高	$\dfrac{完成工事高}{技術職員数（※）}$（円）

24

基 本 比 率			関 連 比 率		
	比 率 名	算 式		比 率 名	算 式
生産性比率	26. 職員1人当たり付加価値（労働生産性）	$\dfrac{\text{完成工事高}-(\text{材料費}+\text{外注費})}{\text{総職員数（※）}}$（円）	㉜	付加価値率	$\dfrac{\text{完成工事高}-(\text{材料費}+\text{外注費})}{\text{完成工事高}}\times100$
	27. 職員1人当たり総資本（資本集約度）	$\dfrac{\text{総資本（※）}}{\text{総職員数（※）}}$（円）	㉝	労働装備率	$\dfrac{(\text{有形固定資産}-\text{建設仮勘定})（※）}{\text{総職員数（※）}}$（円）
			㉞	設備投資効率	$\dfrac{\text{完成工事高}-(\text{材料費}+\text{外注費})}{(\text{有形固定資産}-\text{建設仮勘定})（※）}\times100$
			㉟	資本生産性（付加価値対固定資産比率）	$\dfrac{\text{完成工事高}-(\text{材料費}+\text{外注費})}{\text{固定資産（※）}}\times100$
成長性比率	28. 完成工事高増減率	$\dfrac{\text{当期完成工事高}-\text{前期完成工事高}}{\text{前期完成工事高}}\times100$	㊱	付加価値増減率	$\dfrac{\text{当期付加価値}-\text{前期付加価値}}{\text{前期付加価値}}\times100$
	29. 営業利益増減率	$\dfrac{\text{当期営業利益}-\text{前期営業利益}}{\text{前期営業利益}}\times100$	㊲	経常利益増減率	$\dfrac{\text{当期経常利益}-\text{前期経常利益}}{\text{前期経常利益}}\times100$
	30. 総資本増減率	$\dfrac{\text{当期末総資本}-\text{前期末総資本}}{\text{前期末総資本}}\times100$	㊳	自己資本増減率	$\dfrac{\text{当期末自己資本}-\text{前期末自己資本}}{\text{前期末自己資本}}\times100$

注1. 算式によって求められた比率の単位は，（　）書によって特記したものを除き，すべて％である。
　2. 完成工事高は，建設業による売上高を意味し，兼業売上高を含まない。
　3.（※）を付した項目は，原則として期中平均値を使用する。
　4. 下記の項目は，原則として，次のようにして求めたものをいう。
　(1) 経営資本＝総資本－(建設仮勘定＋未稼働資産＋投資資産＋繰延資産＋その他営業活動に直接参加していない資産)
　(2) 当座資産＝現金預金＋{受取手形(割引分，裏書分を除く)＋完成工事未収入金－それらを対象とする貸倒引当金}＋有価証券
　(3) 棚卸資産＝未成工事支出金＋材料貯蔵品
　(4) 支払利息＝借入金利息＋社債利息＋その他他人資本に付される利息
　(5) 受取利息及び配当金＝受取利息＋有価証券利息＋受取配当金
　(6) 事業利益＝経常利益＋(4)に規定する支払利息
　(7) 安全余裕額＝実際(あるいは予定)の完成工事高－損益分岐点の完成工事高
　(8) 総職員数＝技術職員数＋事務職員数
　(9) 必要運転資金＝受取手形＋完成工事未収入金＋未成工事支出金－支払手形－工事未払金－未成工事受入金
　(10) 純キャッシュ・フロー＝当期純利益(税引後)±法人税等調整額＋当期減価償却実施額＋引当金増減額－剰余金の配当の額
　(11) 営業キャッシュ・フロー＝キャッシュ・フロー計算書上の「営業活動によるキャッシュ・フロー」に掲載される金額
　　　ただし，キャッシュ・フロー計算書を作成していない場合には「経常利益＋減価償却実施額－法人税等＋貸倒引当金増加額－売掛債権増加額＋仕入債務増加額－棚卸資産増加額＋未成工事受入金増加額」で代用する。
　(12) 有利子負債＝短期借入金＋長期借入金＋社債＋新株予約権付社債＋コマーシャル・ペーパー
　(13) 自己資本＝純資産額
　(14) 生産性比率及び成長性比率における「付加価値」の計算は，労務外注費を外注費として扱う。

問　題　編

第25回（平成30年度下期）検定試験

〔第1問〕 次の各取引について仕訳を示しなさい。使用する勘定科目は下記の＜勘定科目群＞から選び，その記号（A～Y）と勘定科目を書くこと。なお，解答は次に掲げた（例）に対する解答例にならって記入しなさい。 （20点）

（例） 現金￥100,000を当座預金に預け入れた。

(1) 自家用の材料倉庫を自社の施工部門が建設中で，発生した原価￥5,800,000は受注した工事と同様の会計処理を行っていたが，決算にあたり正しく処理する。

(2) 支払期日の到来していない工事未払金￥2,350,000について，小切手を振り出して支払い，￥7,600の割引を受けた。

(3) 現場作業員の当月の賃金は￥935,000であった。源泉所得税￥39,000，社会保険料の作業員負担分￥19,000を控除して現金で支払った。

(4) 前期に着工したY工事については，信頼性を持った総工事原価の見積もりができなかったため，工事進行基準を適用していなかったが，当期に実行予算が作成され，当期より工事進行基準を適用することとした。Y工事の工期は3年，請負金額￥75,000,000，総工事原価見積額￥67,500,000，前期の工事原価発生額￥10,500,000，当期の工事原価発生額￥43,500,000であった。当期の完成工事高及び完成工事原価に関する仕訳を示しなさい。

(5) 運転資金調達のため，手持ちの約束手形￥400,000を銀行で割り引き，割引料￥2,800を差し引いた金額を当座預金に入金した。なお，遡求義務に関しては評価勘定を用いる方法による。

＜勘定科目群＞

A 現　　　　金	B 当　座　預　金	C 完成工事未収入金
D 未成工事支出金	E 受　取　手　形	F 有　価　証　券
G 手形割引義務	H 建　設　仮　勘　定	J 支　払　手　形
K 工　事　未　払　金	L 割　引　手　形	M 手　形　売　却　損
N 完　成　工　事　原　価	Q 貸　倒　損　失	R 手形割引義務見返
S 利　益　準　備　金	T 別　途　積　立　金	U 仕　入　割　引
W 預　　り　　金	X 未成工事受入金	Y 完　成　工　事　高

仕　訳　　記号（A〜Y）も必ず記入のこと

No.	借　　方			貸　　方		
	記号	勘 定 科 目	金　　額	記号	勘 定 科 目	金　　額
（例）	B	当 座 預 金	100,000	A	現　　　　　金	100,000
(1)						
(2)						
(3)						
(4)						
(5)						

〔第2問〕 次の [   ] に入る正しい数値を計算しなさい。　　　　　　　　（12点）

(1)　A社を¥5,000,000で買収した。A社の諸資産は¥7,250,000で，諸負債は
　　¥2,750,000であった。この取引により発生したのれんについて，会計基準が定め
　　る最長期間で償却した場合の1年分の償却額は¥ [   ] である。

(2)　実地棚卸前の材料元帳の期末残高は，数量が650kgであり，1kg当たり単価
　　¥1,300であった。実地棚卸の結果，数量について40kgの不足が生じていたが，原
　　因は不明であった。1kg当たり単価が¥1,200に下落している場合，材料評価損は
　　¥ [   ] である。

(3)　期末に当座預金勘定残高と銀行の当座預金残高の差異分析をしたところ，次の事
　　実が判明した。①借入金の利息¥96,000が引き落とされていたが，その通知が当社
　　に未達であった，②工事未払金の支払に小切手¥283,000を振り出したが，いまだ
　　取り立てられていなかった，③工事代金の入金¥158,000があったが，その通知が
　　未達であった，④通信料金の自動引き落としが¥13,000あったが未処理であった。
　　このとき，銀行の当座預金残高は当社の当座預金勘定残高より¥ [   ] 多い。

(4)　未収利息の期首残高が¥82,000で，当期の利息の収入額が¥ [   ] で，当期の
　　損益計算書に記載された受取利息が¥385,000であれば，当期末の貸借対照表に記
　　載される未収利息は¥95,300となる。

（1）　¥ [   ]

（2）　¥ [   ]

（3）　¥ [   ]

（4）　¥ [   ]

〔第3問〕　以下の設問に解答しなさい。　　　　　　　　　　　　　　（24点）

問1　次の支出は，下記の＜区分＞のいずれに属するものか，記号（A～C）で解答しなさい。

　　1．工事用機械を購入するための借入金の利息の支出
　　2．入札に応じたが受注できなかった工事の設計料
　　3．工事現場監督者の人件費

　　＜区分＞
　　A　工事原価として処理する。
　　B　総原価に含まれるが，ピリオド・コスト（期間原価）として処理する。
　　C　非原価として処理する。

問2　平成30年12月の工事原価に関する次の＜資料＞に基づいて，解答用紙に示す月次の工事原価明細表を完成しなさい。なお，材料については購入時材料費処理法によっている。

　　＜資料＞
　　　1．月初及び月末の各勘定残高　　　　　　　　　　　　　（単位：円）

	月　初	月　末
(1)　未成工事支出金		
材　料　費	252,000	235,000
労　務　費	165,000	142,000
外　注　費	538,000	582,000
経　　　費	158,000	162,000
（経費のうち人件費）	(18,000)	(15,000)
(2)　工事未払金		
材　料　費	236,000	218,000
労　務　費	89,000	96,000
外　注　費	289,000	247,000
動力用水光熱費	7,500	8,000
従業員給料手当	16,000	15,000
法定福利費	600	500
(3)　前払費用		
保　険　料	8,000	12,500
地　代　家　賃	17,000	18,000
2．当月材料費支払高	766,000	
3．当月労務費支払高	865,000	
4．当月外注費支払高	2,385,000	

5．当月工事関係費用支払高

   (1)　動力用水光熱費　　　　　　68,000
   (2)　地代家賃　　　　　　　　　49,000
   (3)　保　険　料　　　　　　　　 6,000
   (4)　従業員給料手当　　　　　　114,000
   (5)　法定福利費　　　　　　　　 3,800
   (6)　事務用品費　　　　　　　　 6,200
   (7)　通信交通費　　　　　　　　22,600
   (8)　交　際　費　　　　　　　　53,000

問1

記　号 （A～C）	1	2	3

問2

工　事　原　価　明　細　表
平成30年12月　　　　　　　　　　　　　　（単位：円）

	当月発生工事原価	当月完成工事原価
Ⅰ．材　料　費		
Ⅱ．労　務　費		
Ⅲ．外　注　費		
Ⅳ．経　　　費		
（うち人件費）	（　　　　　）	（　　　　　）
工　事　原　価		

〔第4問〕　各工事部に共通して補助的なサービスを供与している補助部門は，独立して
各々の原価管理を実施している。次の＜資料＞に基づいて，階梯式配賦法により
解答用紙の「部門費振替表」を完成しなさい。なお，補助部門費に関する配賦は
第1順位を運搬部門とする。また，計算の過程において端数が生じた場合には，
円未満を四捨五入すること。　　　　　　　　　　　　　　　　　　　　（14点）

＜資料＞
(1)　各部門費の合計額
　　第1工事部　￥785,900　　第2工事部　￥682,400　　第3工事部　￥937,600
　　材料管理部門　￥99,000　　運搬部門　￥186,000
(2)　各補助部門の他部門へのサービス提供度合

（単位：％）

	第1工事部	第2工事部	第3工事部	材料管理部門	運搬部門
材料管理部門	29	42	27	−	2
運搬部門	30	35	25	10	−

部 門 費 振 替 表
（単位：円）

摘　要	合　計	第1工事部	第2工事部	第3工事部	（　　　）	（　　　）
部門費合計						
（　　　）						
（　　　）						
合　計						

〔第5問〕 次の＜決算整理事項等＞に基づき，解答用紙の精算表を完成しなさい。なお，工事原価は未成工事支出金を経由して処理する方法によっている。会計期間は1年で，決算日は3月31日である。また，決算整理の過程で新たに生じる勘定科目で，精算表上に指定されている科目はそこに記入すること。　　　　　　　　（30点）

＜決算整理事項等＞

(1) 残高試算表に計上されている有価証券¥75,000の内訳を調べたところ，一時所有の上場株式¥28,000，長期保有目的の社債¥15,000，子会社の株式¥32,000であった。適切な勘定に振り替える。

(2) 仮払金の期末残高は，以下の内容であることが判明した。

① ¥4,200は，過年度の完成工事に関する瑕疵担保責任による補修のための支出である。

② ¥87,000は，法人税等の中間納付額である。

(3) 減価償却については，以下のとおりである。なお，当期中に固定資産の増減取引は発生していない。

① 機械装置（工事現場用）　　実際発生額　¥86,000

なお，月次原価計算において，月額¥7,000を未成工事支出金に予定計上している。当期の予定計上額と実際発生額との差額は当期の工事原価（未成工事支出金）に加減する。

② 備品（本社用）　　以下の事項により減価償却費を計上する。

取得原価　¥50,000　　償却率　0.400　　減価償却方法　定率法

(4) 仮受金の期末残高¥52,000は，過年度において貸倒損失として処理した完成工事未収入金の現金回収額であることが判明した。

(5) 売上債権の期末残高の2％について貸倒引当金を計上する（差額補充法）。

(6) 退職給付引当金の当期繰入額は，本社事務職員について¥24,000，現場作業員について¥52,000である。ただし，現場作業員については月次原価計算において，月額¥4,500の退職給付引当金繰入額を未成工事支出金に予定計上しており，当期の予定計上額と実際発生額の差額を当期の工事原価（未成工事支出金）に加減する。

(7) 現場作業員の賃金の未払分¥5,000を工事原価に算入する。

(8) 完成工事高に対して0.2％の完成工事補償引当金を計上する（差額補充法）。

(9) 販売費及び一般管理費の中には，当期の12月1日に支払った向こう3年分の保険料¥36,000が含まれている。1年基準を考慮したうえで，適切な勘定に振り替える。

(10) 上記の各調整を行った後の未成工事支出金の次期繰越額は¥789,300である。

(11) 当期の法人税，住民税及び事業税として税引前当期純利益の40％を計上する。

精 算 表

(単位:円)

勘定科目	残高試算表 借方	残高試算表 貸方	整理記入 借方	整理記入 貸方	損益計算書 借方	損益計算書 貸方	貸借対照表 借方	貸借対照表 貸方
現　　　　金	4,300							
当 座 預 金	82,500							
受 取 手 形	874,000							
完成工事未収入金	1,286,000							
貸 倒 引 当 金		39,200						
有 価 証 券	75,000							
未成工事支出金	783,000							
材 料 貯 蔵 品	45,800							
仮 　払　 金	91,200							
前 払 費 用	2,000							
機 械 装 置	420,000							
機械装置減価償却累計額		286,000						
備　　　　品	50,000							
備品減価償却累計額		32,000						
投 資 有 価 証 券	22,000							
支 払 手 形		706,200						
工 事 未 払 金		627,000						
借 　入　 金		356,000						
未成工事受入金		236,000						
仮 　受　 金		52,000						
完成工事補償引当金		7,600						
退職給付引当金		487,000						
資 　本　 金		500,000						
繰越利益剰余金		120,000						
完 成 工 事 高		3,150,000						
完 成 工 事 原 価	2,746,000							
販売費及び一般管理費	116,000							
受取利息配当金		5,200						
支 払 利 息	6,400							
	6,604,200	6,604,200						
長 期 前 払 費 用								
償却債権取立益								
貸倒引当金繰入額								
子 会 社 株 式								
未 払 法 人 税 等								
法人税, 住民税及び事業税								
当期（　　　）								

第26回(令和元年度上期)検定試験

〔第1問〕　次の各取引について仕訳を示しなさい。使用する勘定科目は下記の＜勘定科目群＞から選び，その記号（A～X）と勘定科目を書くこと。なお，解答は次に掲げた（例）に対する解答例にならって記入しなさい。　　　　　　　　（20点）

（例）　現金￥100,000を当座預金に預け入れた。

(1)　当期に売買目的でA社株式3,000株を1株当たり￥1,100で購入し，手数料は￥57,000であった。A社株式の期末の時価は1株当たり￥900であった。期末の仕訳を示しなさい。

(2)　工事用の建設機械￥5,800,000を約束手形を振り出して購入し，その引取運賃￥140,000については小切手を振り出して支払った。

(3)　材料費については購入時材料費処理法を採用し，仮設材料の消費分の把握については，すくい出し方式によっている。工事が完了して倉庫に返却された仮設材料の評価額は￥360,000であった。

(4)　前期の決算で，滞留していた完成工事未収入金￥600,000に対して50％の貸倒引当金を設定したが，当期において￥400,000が当座預金に振り込まれ，残額は貸し倒れとなった。

(5)　B株式会社は1株当たりの払込金額￥5,500で1,000株発行することとし，払込期日までに全額が取扱銀行に払い込まれた。

＜勘定科目群＞

A	現　　　　　金	B	当 座 預 金	C	受 取 手 形
D	材 料 貯 蔵 品	E	完成工事未収入金	F	有 価 証 券
G	未成工事支出金	H	機 械 装 置	J	支 払 手 形
K	工 事 未 払 金	L	資 本 準 備 金	M	貸 倒 引 当 金
N	別 段 預 金	Q	借 入 金	R	新株式申込証拠金
S	未成工事受入金	T	営業外支払手形	U	完 成 工 事 高
W	有価証券評価損	X	貸倒引当金戻入		

仕　訳　　記号（A〜X）も必ず記入のこと

No.	借　　方			貸　　方		
	記号	勘 定 科 目	金 　 額	記号	勘 定 科 目	金 　 額
（例）	B	当 座 預 金	100,000	A	現　　　　　金	100,000
(1)						
(2)						
(3)						
(4)						
(5)						

〔第2問〕 次の ☐ に入る正しい金額を計算しなさい。 (12点)

(1) 本店から支店への材料振替価格は，原価に3％の利益を加算した金額としている。支店の期末時点における未成工事支出金に含まれている材料費が¥126,000（うち本店仕入分¥82,400），材料棚卸高が¥92,000（うち本店仕入分¥32,960）であった。期末において控除される内部利益は¥☐である。

(2) 前期に着工した請負金額¥17,000,000のA工事については，工事進行基準を適用して収益計上している。前期における工事原価発生額は¥2,601,000であり，当期は¥8,746,500であった。工事原価総額の見積額は当初¥14,450,000であったが，当期において見積額を¥15,130,000に変更した。工事進捗度の算定について原価比例法によっている場合，当期の完成工事高は¥☐である。

(3) 消費税の会計処理については税抜方式を採用している。期末における仮受消費税¥☐で仮払消費税¥125,300であるときに，未払消費税は¥28,500である。

(4) 期末において資本金¥100,000，資本準備金¥15,000，利益準備金¥8,000である場合において，利益剰余金を財源として株主配当金を¥25,000支払うこととした場合，利益準備金繰入額は¥☐となる。

(1) ¥ ☐

(2) ¥ ☐

(3) ¥ ☐

(4) ¥ ☐

〔第3問〕　次の＜資料＞に基づき，解答用紙に示す各勘定口座に適切な勘定科目あるいは
　　　　　金額を記入しなさい。なお，記入すべき勘定科目については，下記の＜勘定科目
　　　　　群＞から選び，その記号（A～H）で解答しなさい。　　　　　　　　　　（14点）

＜資料＞
　1．工事原価の状況

（単位：円）

	材料費	労務費	外注費	経　費
工事原価期首残高	92,000	47,000	137,000	37,000
工事原価次期繰越額	112,000	62,000	145,000	43,000
当期の工事原価発生額	463,000	97,000	595,000	92,000

　2．完成工事のうち請負金の支払が次期以降のものが¥452,000あった。

＜勘定科目群＞
　　A　完成工事高　　　　B　完成工事未収入金　　C　支払利息
　　D　未成工事支出金　　E　完成工事原価　　　　F　損　　　　益
　　G　販売費及び一般管理費　　H　未成工事受入金

未成工事支出金

前　期　繰　越			
材　　料　　費		次　期　繰　越	
労　　務　　費			
外　　注　　費			
経　　　　　費			
	×　×　×　×		×　×　×　×

完成工事原価

		損　　　　益	

完成工事高

			未成工事受入金	1,117,000
		× × × ×		× × × ×

販売及び一般管理費

× × × ×	112,000		
× × × ×	103,000		
	× × × ×		× × × ×

損　　　益

繰越利益剰余金			
	× × × ×		× × × ×

〔第4問〕　以下の問に解答しなさい。　　　　　　　　　　　　　　　　　　（24点）

問1　次のような業務に関連する原価計算は，（A）原価計算制度であるか，（B）特殊原価調査であるか，記号（AまたはB）で解答しなさい。

1．自社の作業員が施工している作業を外注したほうが良いかどうかの意思決定資料の作成
2．複数の工事現場を担当している施工管理者の人件費を，各工事に予定賃率で配賦する工事原価の集計
3．建設機械の買い替えに関する経済計算
4．施工中の工事に関して期末に行う総工事原価の算定

問2　2018年12月の工事原価に関する次の＜資料＞に基づいて，当月の完成工事原価報告書を完成しなさい。また，工事間接費配賦差異勘定の月末残高を計算しなさい。なお，その残高が借方の場合は（A），貸方の場合は（B）を解答用紙の所定の欄に記入しなさい。

＜資料＞

1．当月の工事状況は次のとおりである。なお，収益の認識は工事完成基準を適用している。

工事番号	1001	1101	1201	1202
着　工	前月以前	前　月	当　月	当　月
竣　工	当　月	当　月	当　月	来月以降

2．前月から繰り越した工事原価に関する各勘定残高は，次のとおりである。
　⑴　未成工事支出金

（単位：円）

工事番号	1001	1101
材料費	216,000	118,000
労務費	294,000	171,000
外注費	680,000	396,000
経　費	110,000	64,000
計	1,300,000	749,000

(2) 工事間接費配賦差異

    A部門　¥3,600（借方残高）　　　　B部門　¥5,000（貸方残高）

    注. 工事間接費配賦差異は月次においては繰り越すこととしている。

3．材料の棚卸・受払に関するデータ（材料消費単価の決定方法は移動平均法による）

日付	摘　要	数　量	単　価
1日	前月繰越	1800kg	@¥100
3日	1001工事に投入	100kg	
5日	1101工事に投入	1200kg	
7日	仕　入	1500kg	@¥120
10日	1201工事に投入	1000kg	
14日	仕　入	1500kg	@¥110
18日	1202工事に投入	1000kg	

4．当月に発生した工事直接費

（単位：円）

工事番号	1001	1101	1201	1202
材料費	（各自計算）	（各自計算）	（各自計算）	（各自計算）
労務費	52,000	115,000	186,000	62,000
外注費	92,000	134,000	325,000	108,000
直接経費	31,000	56,000	65,000	28,000

5．当月のA部門およびB部門において発生した工事間接費の配賦（予定配賦法）

(1) A部門の配賦基準は直接材料費基準であり，当会計期間の予定配賦率は5％である。

(2) B部門の配賦基準は直接作業時間基準であり，当会計期間の予定配賦率は1時間当たり¥1,800である。

当月の工事別直接作業時間　　　　　　　　　　　　（単位：時間）

工事番号	1001	1101	1201	1202
作業時間	12	24	42	16

(3) 工事間接費の当月実際発生額

    A部門　¥16,950　　　　B部門　¥172,200

(4) 工事間接費は経費として処理している。

問1

	1	2	3	4
記号 （AまたはB）				

問2

<table>
<tr><td colspan="2" align="center">**完成工事原価報告書**</td></tr>
<tr><td align="center">2018年12月</td><td align="right">（単位：円）</td></tr>
<tr><td>Ⅰ．材　料　費</td><td></td></tr>
<tr><td>Ⅱ．労　務　費</td><td></td></tr>
<tr><td>Ⅲ．外　注　費</td><td></td></tr>
<tr><td>Ⅳ．経　　　費</td><td></td></tr>
<tr><td align="center">完成工事原価</td><td></td></tr>
</table>

工事間接費配賦差異月末残高　¥　[　　　]　　　記号（AまたはB）　[　　]

〔第5問〕　次の＜決算整理事項等＞に基づき，解答用紙の精算表を完成しなさい。なお，工事原価は未成工事支出金を経由して処理する方法によっている。会計期間は1年である。また，決算整理の過程で新たに生じる勘定科目で，精算表上に指定されている科目はそこに記入すること。
　　　　　　　　　　　　　　　　　　　　　　　　　　　　　　　　　　　　　（30点）

＜決算整理事項等＞
　(1)　期末における現金の帳簿残高は¥7,800であるが，実際の手許有高は¥6,400であった。原因の調査をしたところ，本社において郵便切手¥1,200を現金購入していたが未処理であることが判明した。それ以外の原因は不明である。
　(2)　材料貯蔵品の期末実地棚卸により，棚卸減耗損¥800が発生していることが判明した。棚卸減耗損については全額工事原価として処理する。
　(3)　仮払金の期末残高は，以下の内容であることが判明した。
　　①　¥9,000は借入金利息の3か月分であり，うち1か月分は前払いである。
　　②　¥52,000は法人税等の中間納付額である。
　(4)　減価償却については，以下のとおりである。なお，当期中に固定資産の増減取引は発生していない。
　　①　機械装置（工事現場用）　　実際発生額　¥82,000
　　　　なお，月次原価計算において，月額¥7,200を未成工事支出金に予定計上している。当期の予定計上額と実際発生額との差額は当期の工事原価（未成工事支出金）に加減する。
　　②　備品（本社用）　　以下の事項により減価償却費を計上する。
　　　　取得原価　¥75,000　　残存価額　ゼロ　　耐用年数　5年
　　　　減価償却方法　定額法
　(5)　仮受金の期末残高¥57,000は，前期に完成した工事の未収代金回収分であることが判明した。
　(6)　売上債権の期末残高に対して2％の貸倒引当金を計上する（差額補充法）。
　(7)　完成工事高に対して0.2％の完成工事補償引当金を計上する（差額補充法）。
　(8)　営業用に作成したパンフレット代の未払分¥6,000を計上する。
　(9)　上記の各調整を行った後の未成工事支出金の次期繰越額は¥967,900である。
　(10)　当期の法人税，住民税及び事業税として税引前当期純利益の40％を計上する。

精　算　表

(単位：円)

勘 定 科 目	残高試算表		整 理 記 入		損益計算書		貸借対照表	
	借　方	貸　方	借　方	貸　方	借　方	貸　方	借　方	貸　方
現　　　　　金	7,800							
当 座 預 金	93,000							
受 取 手 形	826,000							
完成工事未収入金	1,141,000							
貸 倒 引 当 金		42,000						
未成工事支出金	972,200							
材 料 貯 蔵 品	64,000							
仮　 払　 金	61,000							
機 械 装 置	450,000							
機械装置減価償却累計額		265,000						
備　　　　　品	75,000							
備品減価償却累計額		45,000						
支 払 手 形		955,000						
工 事 未 払 金		71,400						
借　 入　 金		270,000						
未　 払　 金		23,000						
未成工事受入金		185,000						
仮　 受　 金		57,000						
完成工事補償引当金		6,500						
退職給付引当金		540,000						
資　 本　 金		800,000						
繰越利益剰余金		100,000						
完 成 工 事 高		4,150,000						
完 成 工 事 原 価	3,626,000							
販売費及び一般管理費	174,100							
受取利息配当金		7,100						
支 払 利 息	26,900							
	7,517,000	7,517,000						
前 払 費 用								
貸倒引当金戻入								
雑　 損　 失								
未払法人税等								
法人税, 住民税及び事業税								
当期（　　　　）								

第27回(令和2年度上期)検定試験

〔第1問〕　次の各取引について仕訳を示しなさい。使用する勘定科目は下記の<勘定科目群>から選び，その記号（A～X）と勘定科目を書くこと。なお，解答は次に掲げた（例）に対する解答例にならって記入しなさい。　　　　　　　　　（20点）

（例）　現金￥100,000を当座預金に預け入れた。

(1)　長期で保有していた非上場株式1,000株（1株当たり￥300で取得）について，当期末における1株当たり純資産は￥120であったので，評価替えをする。

(2)　株主総会で次の利益処分を決議した。

　　　　株主配当金　￥2,000,000　　　利益準備金　￥200,000
　　　　別途積立金　￥1,800,000

(3)　当期において，建物の修繕工事を行い，その代金￥2,000,000を全額，建物勘定で処理していたが，このうち，￥500,000は現状回復のための支出であった。

(4)　前期に完成した工事に係る完成工事未収入金￥1,500,000が回収不能となった。貸倒引当金の残高は￥30,000である。

(5)　工事未払金￥3,000,000について，決済日よりも早く現金で支払い，￥15,000の割引を受けた。

<勘定科目群>

A	現　金	B	当座預金	C	受取手形
D	完成工事未収入金	E	建物	F	投資有価証券
G	工事未払金	H	未成工事受入金	J	未払配当金
K	貸倒引当金	L	資本準備金	M	利益準備金
N	別途積立金	Q	繰越利益剰余金	R	完成工事高
S	修繕費	T	貸倒損失	U	仕入割引
W	売上割引	X	投資有価証券評価損		

仕　訳　　記号（A〜X）も必ず記入のこと

No.	借　　方			貸　　方		
---	記号	勘 定 科 目	金　　額	記号	勘 定 科 目	金　　額
（例）	B	当 座 預 金	100,000	A	現　　　　金	100,000
(1)						
(2)						
(3)						
(4)						
(5)						

〔第2問〕　次の □ に入る正しい金額を計算しなさい。　　　　　　　(12点)

(1)　未払利息の期首残高は¥80,000，当期における利息の支払額は¥120,000，当期の損益計算書上の支払利息が¥ □ であれば，当期末の貸借対照表に記載される未払利息は¥60,000である。

(2)　工事用機械（取得価額¥3,600,000，残存価額ゼロ，耐用年数9年）を7年間定額法で償却してきたが，8年目の期首において¥500,000で売却した。このときの固定資産売却損は¥ □ である。

(3)　本店は，名古屋支店を独立会計単位として取り扱っており，本店における名古屋支店勘定は¥160,000の借方残である。名古屋支店で使用している乗用車に係る減価償却費¥20,000は本店で計算し，名古屋支店の負担とした。本店における名古屋支店勘定は¥ □ の借方残である。

(4)　前期に請負金額¥50,000,000の工事（工期は5年）を受注し，前期より工事進行基準を適用している。当該工事の前期における総見積原価は¥40,000,000であったが，当期末において原材料の高騰を受けて，総見積原価を¥42,000,000に変更した。前期における工事原価の発生額は¥4,000,000であり，当期は¥6,500,000である。工事進捗度の算定を原価比例法によっている場合，当期の完成工事高は¥ □ である。

(1)　¥ □

(2)　¥ □

(3)　¥ □

(4)　¥ □

〔第3問〕 20×1年3月の材料Mの受払の状況は次の＜資料＞のとおりである。これに基づき，下記の設問に解答しなさい。なお，材料の払出単価の計算の過程で端数が生じた場合，円未満を四捨五入すること。　　　　　　　　　　　　　（14点）

＜資料＞

材　料　元　帳

材料M　　　　　　　　　　　20×1年3月　　　　（数量：㎥，単価及び金額：円）

月	日	摘　要	受　入			払　出			残　高		
			数量	単価	金額	数量	単価	金額	数量	単価	金額
3	1	前 月 繰 越	600	100	60,000				600	100	60,000
	2	払出（X工事）				300		（A）	300		
	5	受入（A商事）	900	140	126,000				1,200		
	12	払出（Y工事）				200		（B）	1,000		
	17	払出（X工事）				500		（C）	500		
	23	受入（B商事）	750	160	120,000				1,250		
	30	払出（X工事）				600		（D）	650		
	31	次 月 繰 越									

問1　材料Mの払出単価の計算を移動平均法で行う場合，（A）〜（D）の金額を計算しなさい。

問2　材料Mの払出単価の計算を先入先出法で行う場合，20×1年3月のX工事の材料費を計算しなさい。

問1

（A）¥ ☐

（B）¥ ☐

（C）¥ ☐

（D）¥ ☐

問2

¥ ☐

〔第4問〕 以下の問に解答しなさい。 (24点)

問1 次の支出は，原価計算制度によれば，下記の＜区分＞のいずれに属するものか，記号（A～C）で解答しなさい。

1．コンクリート工事外注費
2．本社経理部職員の人件費
3．社債発行費償却
4．仮設材料費

＜区分＞
A　プロダクト・コスト（工事原価）
B　ピリオド・コスト（期間原価）
C　非原価

問2 次の＜資料＞に基づき，解答用紙の部門費振替表を完成しなさい。

＜資料＞
1．補助部門費の配賦方法
　　請負工事について，第1工事部，第2工事部及び第3工事部で施工している。また，共通して補助的なサービスを提供している機械部門，仮設部門及び材料管理部門が独立して各々の原価管理を実施し，発生した補助部門費についてはサービス提供度合に基づいて，直接配賦法により施工部門に配賦している。
2．補助部門費を配賦する前の各部門の原価発生額は次のとおりである。

（単位：円）

第1工事部	第2工事部	第3工事部	機械部門	仮設部門	材料管理部門
2,500,000	1,750,000	1,250,000	50,000	?	35,000

3．各補助部門の各工事部へのサービス提供度合は次のとおりである。

（単位：％）

内　訳	第1工事部	第2工事部	第3工事部	合　計
機 械 部 門	60	25	15	100
仮 設 部 門	50	?	?	100
材料管理部門	40	40	20	100

問1

記号 （A～C）	1	2	3	4

問2

部　門　費　振　替　表
（単位：円）

摘　要	合　計	第1工事部	第2工事部	第3工事部	機械部門	仮設部門	材料管理部門
部門費合計							
機械部門費					──	──	──
仮設部門費		14,000			──	──	──
材料管理部門費					──	──	──
合　計				1,268,700			

〔第5問〕 次の<決算整理事項等>に基づき，解答用紙の精算表を完成しなさい。なお，工事原価は未成工事支出金を経由して処理する方法によっている。会計期間は1年である。また，決算整理の過程で新たに生じる勘定科目で，精算表上に指定されている科目はそこに記入すること。　　　　　　　　　　　　　　　　(30点)

<決算整理事項等>

(1) 当座預金の期末残高証明書を入手したところ，期末帳簿残高と差異があった。差額原因を調査したところ以下の内容であった。

① 本社事務員の携帯電話代¥1,500が引き落とされていたが，その通知は当社に未達であった。

② 完成済の工事代金¥8,000が期末に振り込まれていたが，発注者より連絡がなかったため，当社で未記帳であった。

(2) 仮払金の期末残高は，以下の内容であることが判明した。

① ¥5,000は本社事務員の出張仮払金であった。精算の結果，実費との差額¥800円が当該本社事務員より現金にて返金された。

② ¥36,000は法人税等の中間納付額である。

(3) 減価償却については，以下の事項により計上する。なお，当期中に固定資産の増減取引は発生していない。

① 建物（本社用）

取得原価　¥456,000　　残存価額　ゼロ　　耐用年数　38年

減価償却方法　定額法

② 機械装置（工事現場用）

取得原価　¥60,000（当期首取得）　　残存価額　ゼロ　　耐用年数　6年

償却率　0.333　　減価償却方法　定率法

(4) 仮受金の期末残高¥23,000は，前期に完成した工事の未収代金回収分であることが判明した。

(5) 売上債権の期末残高に対して1.5%の貸倒引当金を計上する（差額補充法）。

(6) 完成工事高に対して0.2%の完成工事補償引当金を計上する（差額補充法）。

(7) 退職給付引当金の当期繰入額は本社事務員について¥8,000，現場作業員について¥32,000である。

(8) 完成工事に係る仮設撤去費の未払分¥3,000を計上する。

(9) 上記の各調整を行った後の未成工事支出金の次期繰越額は¥10,640である。

(10) 当期の法人税，住民税及び事業税として税引前当期純利益の30%を計上する。

精　算　表

(単位：円)

勘定科目	残高試算表 借　方	残高試算表 貸　方	整理記入 借　方	整理記入 貸　方	損益計算書 借　方	損益計算書 貸　方	貸借対照表 借　方	貸借対照表 貸　方
現　　　　金	33,200							
当 座 預 金	162,000							
受 取 手 形	459,000							
完成工事未収入金	1,572,000							
貸 倒 引 当 金		28,000						
未成工事支出金	8,300							
材 料 貯 蔵 品	24,000							
仮 　払　 金	41,000							
建　　　　物	456,000							
建物減価償却累計額		240,000						
機 械 装 置	60,000							
支 払 手 形		155,000						
工 事 未 払 金		365,400						
借 　入　 金		260,000						
未 　払　 金		55,000						
未成工事受入金		118,000						
仮 　受　 金		23,000						
完成工事補償引当金		6,500						
退職給付引当金		450,000						
資 　本　 金		600,000						
繰越利益剰余金		230,000						
完 成 工 事 高		5,380,000						
完 成 工 事 原 価	4,805,000							
販売費及び一般管理費	269,000							
受取利息配当金		7,100						
支 払 利 息	28,500							
	7,918,000	7,918,000						
通 　信　 費								
旅 費 交 通 費								
建物減価償却費								
機械装置減価償却累計額								
貸倒引当金繰入額								
退職給付引当金繰入額								
未 払 法 人 税 等								
法人税, 住民税及び事業税								
当 期（　　　）								

第28回(令和2年度下期)検定試験

〔第1問〕 次の各取引について仕訳を示しなさい。使用する勘定科目は下記の<勘定科目群>から選び,その記号(A～X)と勘定科目を書くこと。なお,解答は次に掲げた(例)に対する解答例にならって記入しなさい。　　　　　　　　(20点)

(例)　現金￥100,000を当座預金に預け入れた。

⑴　工事未払金￥3,000,000について小切手を振り出して支払った。この時の当座預金残高は￥1,800,000であるが,取引銀行と借越限度額￥10,000,000の当座借越契約を締結している。当座借越の処理については,二勘定制による。

⑵　乙建材社は,甲建設株式会社に対する完成工事未収入金￥5,000,000が決済日よりも早く小切手の振出しにより支払われたため,￥3,500の割引を行った。

⑶　当期に売買目的でA社株式8,000株を1株当たり￥600で購入し,手数料￥12,000とともに小切手を振り出して支払った。

⑷　当期首にY社を買収した際に発生したのれん￥2,000,000について,会計基準が定める最長期間で償却する。

⑸　前期に着工したP工事については,信頼性を持った総工事原価の見積もりができなかったため,工事進行基準を適用していなかったが,当期に実行予算が作成され,当期より工事進行基準を適用することとした。P工事の工期は5年,請負金額￥25,000,000,総工事原価見積額￥21,250,000,前期の工事原価発生額￥2,000,000,当期の工事原価発生額￥6,500,000であった。当期の完成工事高及び完成工事原価に関する仕訳をしなさい。

<勘定科目群>

A	現　　　　　金	B	当　座　預　金	C	当　座　借　越
D	完成工事未収入金	E	未成工事支出金	F	有　価　証　券
G	工　事　未　払　金	H	未成工事受入金	J	建　　　　　物
K	の　　れ　　ん	L	資　　本　　金	M	利　益　準　備　金
N	別　途　積　立　金	Q	繰越利益剰余金	R	完　成　工　事　高
S	完　成　工　事　原　価	T	のれん償却費	U	仕　入　割　引
W	売　上　割　引	X	有価証券評価損		

仕　訳　　記号（A～X）も必ず記入のこと

No.	借	方		貸	方	
	記号	勘 定 科 目	金 額	記号	勘 定 科 目	金 額
（例）	B	当 座 預 金	100,000	A	現　　　　金	100,000
(1)						
(2)						
(3)						
(4)						
(5)						

〔第2問〕 次の [   ] に入る正しい金額を計算しなさい。　　　　　(12点)

(1)　本店は，支店への材料振替価格を，原価に3％の利益を加算した金額としている。支店における期末棚卸資産には未成工事支出金に含まれている材料費¥325,000（うち本店仕入分¥154,500），材料棚卸高¥56,000（うち本店仕入分¥25,750）があった。これらに含まれている内部利益は¥ [   ] である。

(2)　機械装置Aは取得原価¥1,500,000，耐用年数5年，残存価額ゼロ，機械装置Bは取得原価¥5,800,000，耐用年数8年，残存価額ゼロ，機械装置Cは取得原価¥600,000，耐用年数3年，残存価額ゼロである。これらを総合償却法で減価償却費の計算（定額法）を行う場合，加重平均法で計算した平均耐用年数は [   ] 年である。なお，小数点以下は切り捨てるものとする。

(3)　甲建設株式会社の賃金支払期間は前月21日から当月20日までであり，当月25日に支給される。当月の賃金支給総額は¥2,530,000であり，所得税¥230,000，社会保険料¥163,200を控除して，現金にて支給された。前月賃金未払高が¥863,000で，当月賃金未払高が¥723,000であったとすれば，当月の労務費は¥ [   ] である。

(4)　当社の当座預金勘定の決算整理前の残高は¥964,000であるが，銀行の当座預金残高は¥1,042,800であった。両者の差異分析をした結果，次の事実が判明した。

　　①　取立を依頼しておいた約束手形¥28,000が取立済となっていたが，その通知が当社に未達であった。

　　②　工事未払金の支払に小切手¥12,000を振り出したが，いまだ取り立てられていなかった。

　　③　工事代金の入金¥34,000があったが，その通知が当社に未達であった。

　　④　備品購入代金の決済のために振り出した小切手¥4,800が相手先に未渡しであった。

　　このとき，修正後の当座預金勘定の残高は¥ [   ] である。

(1)　¥ [   ]

(2)　[   ] 年

(3)　¥ [   ]

(4)　¥ [   ]

〔第3問〕　現場技術者に対する従業員給料手当等の人件費（工事間接費）に関する次の
　　　　　＜資料＞に基づいて，下記の問に解答しなさい。　　　　　　　　　（14点）

＜資料＞
　(1)　当会計期間（20×1年4月1日〜20×2年3月31日）の人件費予算額
　　　①　従業員給料手当　　　　　　　¥64,350,000
　　　②　法定福利費　　　　　　　　　¥7,326,000
　　　③　福利厚生費　　　　　　　　　¥3,524,000
　(2)　当会計期間の現場管理延べ予定作業時間　　　　　　　　　23,000時間
　(3)　当月（20×2年3月）の工事現場別実際作業時間　　A工事　　　280時間
　　　　　　　　　　　　　　　　　　　　　　　　　　　B工事　　　170時間
　　　　　　　　　　　　　　　　　　　　　　　　　その他の工事　1,450時間
　(4)　当月の人件費実際発生額　　　　　　　　　　総　　額　　¥6,130,000

問1　当会計期間の人件費に関する予定配賦率を計算しなさい。なお，計算過程におい
　　て端数が生じた場合は，円未満を四捨五入すること。
問2　当月のA工事への予定配賦額を計算しなさい。
問3　当月の人件費に関する配賦差異を計算しなさい。なお，配賦差異については，借
　　方差異の場合は「A」，貸方差異の場合は「B」を解答用紙の所定の欄に記入しな
　　さい。

問1　　　¥ ☐

問2　　　¥ ☐

問3　　　¥ ☐　　　　　記号（AまたはB）☐

〔第4問〕　以下の問に解答しなさい。　　　　　　　　　　　　　　　　　　（24点）

問1　次の文章は，下記の＜工事原価計算の種類＞のいずれと最も関係の深い事柄か，
　　記号（A〜E）で解答しなさい。
　1．建設業では，工事原価を材料費，労務費，外注費，経費に区分して計算し，こ
　　れにより制度的な財務諸表を作成している。
　2．「原価計算基準」にいう原価の本質の定義から判断すれば，工事原価と販売費
　　及び一般管理費などの営業費まで含めて原価性を有するものと考えられる。
　3．建設資材を量産している企業では，一定期間に発生した原価をその期間中の生
　　産量で割って，製品の単位当たり原価を計算する。
　4．建設会社が請け負う工事については，一般的に，1つの生産指図書に指示され

た生産活動について費消された原価を集計・計算する方法が採用される。

＜工事原価計算の種類＞

A　事前原価計算　　B　総原価計算　　C　形態別原価計算

D　個別原価計算　　E　総合原価計算

問2　次の＜資料＞により，解答用紙の工事別原価計算表を完成しなさい。また，工事間接費配賦差異の月末残高を計算しなさい。なお，その残高が借方の場合は「A」，貸方の場合は「B」を，解答用紙の所定の欄に記入しなさい。

＜資料＞

1．当月は，繰越工事であるNo.100工事とNo.110工事，当月に着工したNo.200工事を施工し，月末にはNo.100工事とNo.200工事が完成した。

2．前月から繰り越した工事原価に関する各勘定の前月繰越高は，次のとおりである。

(1)　未成工事支出金

（単位：円）

工 事 番 号	No. 100	No. 110
材 料 費	432,000	720,000
労 務 費	352,000	563,000
外 注 費	840,000	1,510,000
経 費	144,000	254,000

(2)　工事間接費配賦差異　¥3,500円（貸方残高）

（注）　工事間接費配賦差異は月次においては繰り越すこととしている。

3．労務費に関するデータ

(1)　労務費計算は予定賃率を用いており，当会計期間の予定賃率は1時間当たり¥1,200である。

(2)　当月の直接作業時間

No.100工事　138時間　　No.110工事　216時間　　No.200　314時間

4．当月の工事別直接原価額

（単位：円）

工 事 番 号	No. 100	No. 110	No. 200
材 料 費	238,000	427,000	543,000
労 務 費	（資料により各自計算）		
外 注 費	532,000	758,000	1,325,000
経 費	84,400	95,800	195,200

5．工事間接費の配賦方法と実際発生額

(1) 工事間接費については直接原価基準による予定配賦法を採用している。

(2) 当会計期間の直接原価の総発生見込額は¥72,300,000である。

(3) 当会計期間の工事間接費予算額は¥2,169,000である。

(4) 工事間接費の当月実際発生額は¥160,000である。

(5) 工事間接費はすべて経費である。

問1

記号	1	2	3	4
(A〜E)				

問2

工事別原価計算表

(単位：円)

摘　要	No. 100	No. 110	No. 200	計
月初未成工事原価			──	
当月発生工事原価				
材　料　費				
労　務　費				
外　注　費				
経　　　費				
工　事　間　接　費				
当月完成工事原価		──		
月末未成工事原価	──		──	

工事間接費配賦差異月末残高　¥ _____　記号（AまたはB） ____

〔第5問〕 次の<決算整理事項等>に基づき，解答用紙の精算表を完成しなさい。なお，工事原価は未成工事支出金を経由して処理する方法によっている。会計期間は1年である。また，決算整理の過程で新たに生じる勘定科目で，精算表上に指定されている科目はそこに記入すること。　　　　　　　　　　　　　　　（30点）

<決算整理事項等>

(1) 期末における現金の帳簿残高は¥52,000であるが，実際の手許有高は¥45,000であった。原因を調査したところ，本社において事務用文房具¥3,000を現金購入していたが未処理であることが判明した。それ以外の原因は不明である。

(2) 仮設材料費の把握についてはすくい出し方式を採用しているが，現場から撤去されて倉庫に戻された評価額¥1,500の仮設材料について未処理である。

(3) 仮払金の期末残高は，以下の内容であることが判明した。

① ¥6,000は借入金利息の3か月分であり，うち1か月分は前払いである。

② ¥28,000は法人税等の中間納付額である。

(4) 減価償却については，以下のとおりである。なお，当期中に固定資産の増減取引は②の備品の一部のみである。

① 機械装置（工事現場用）　実際発生額　¥58,000

なお，月次原価計算において，月額¥5,000を未成工事支出金に予定計上している。当期の予定計上額と実際発生額との差額は当期の工事原価（未成工事支出金）に加減する。

② 備品（本社用）　　　以下の事項により減価償却費を計上する。

取得原価　¥36,000　　残存価額　ゼロ　　耐用年数　3年

減価償却方法　定額法

このうち，¥12,000は期中取得しており，取得から半年が経過している。

(5) 仮受金の期末残高は，以下の内容であることが判明した。

① 完成工事の未収代金回収分　　¥6,000

② 工事契約による前受金　　　　¥4,000

(6) 当期末の売上債権のうち貸倒が懸念される債権¥5,000に対して回収不能と見込まれる¥1,450について，個別に貸倒引当金を計上する。また，この貸倒懸念債権を除く売上債権については，期末残高に対して1.0%の貸倒引当金を計上する（差額補充法）。

(7) 完成工事高に対して0.2%の完成工事補償引当金を計上する（差額補充法）。

(8) 退職給付引当金の当期繰入額は本社事務職員について¥5,000，現場作業員について¥27,000である。

(9) 販売費及び一般管理費の中に保険料¥6,000（1年分）があり，うち4か月分は未経過分である。

(10) 上記の各調整を行った後の未成工事支出金の次期繰越額は¥72,100である。

(11) 当期の法人税，住民税及び事業税として税引前当期純利益の30%を計上する。

精　算　表

(単位：円)

勘定科目	残高試算表 借方	残高試算表 貸方	整理記入 借方	整理記入 貸方	損益計算書 借方	損益計算書 貸方	貸借対照表 借方	貸借対照表 貸方
現　　　　　金	52,000							
当 座 預 金	375,000							
受 取 手 形	198,000							
完成工事未収入金	508,000							
貸 倒 引 当 金		7,000						
未成工事支出金	78,000							
材 料 貯 蔵 品	15,000							
仮　　払　　金	34,000							
機 械 装 置	360,000							
機械装置減価償却累計額		60,000						
備　　　　　品	36,000							
備品減価償却累計額		12,000						
支 払 手 形		85,000						
工 事 未 払 金		105,000						
借　　入　　金		160,000						
未　　払　　金		61,000						
未成工事受入金		110,000						
仮　　受　　金		10,000						
完成工事補償引当金		7,000						
退職給付引当金		158,000						
資　　本　　金		500,000						
繰越利益剰余金		155,600						
完 成 工 事 高		3,800,000						
完 成 工 事 原 価	2,582,000							
販売費及び一般管理費	972,000							
受取利息配当金		6,500						
支 払 利 息	27,100							
	5,237,100	5,237,100						
事 務 用 品 費								
雑　　損　　失								
前 払 費 用								
備品減価償却費								
貸倒引当金繰入額								
退職給付引当金繰入額								
未払法人税等								
法人税, 住民税及び事業税								
当期（　　　　）								

第29回（令和3年度上期）検定試験

〔第1問〕 次の各取引について仕訳を示しなさい。使用する勘定科目は下記の＜勘定科目群＞から選び，その記号（A～X）と勘定科目を書くこと。なお，解答は次に掲げた（例）に対する解答例にならって記入しなさい。 (20点)

（例） 現金¥100,000を当座預金に預け入れた。

(1) 工事未払金¥8,000,000を決済日よりも早く小切手を振り出して支払い，¥15,000の割引を受けた。

(2) 当期に売買目的で所有していたA社株式10,000株（売却時の1株当たり帳簿価額¥300）のうち，5,000株を1株当たり280円で売却し，代金は当座預金に預け入れた。

(3) 新本社の建物（建築費総額¥5,800,000）が当期末に完成した。手付金¥1,200,000を差し引いた残額¥4,600,000を小切手を振り出して支払った。

(4) 株主総会において，利益剰余金を財源として株主配当金を¥300,000支払うこととした。純資産の内訳は，資本金¥1,000,000，資本準備金¥150,000，利益準備金¥50,000，繰越利益剰余金¥2,500,000である。

(5) 当期首に社債（償還期限5年）を発行した。この社債発行に際して生じた社債募集広告費などの支出¥600,000は，小切手を振り出して支払った。当該支出に関して繰延経理した場合，当期の決算における仕訳を示しなさい。

＜勘定科目群＞

A	現　　　　　金	B	当 座 預 金	C	有 価 証 券
D	建　　　　　物	E	建 設 仮 勘 定	F	社 債 発 行 費
G	社　　　　　債	H	未 成 工 事 受 入 金	J	工 事 未 払 金
K	未 払 配 当 金	L	受 取 配 当 金	M	資 本 準 備 金
N	利 益 準 備 金	Q	繰 越 利 益 剰 余 金	R	社 債 利 息
S	社 債 発 行 費 償 却	T	売 上 割 引	U	仕 入 割 引
W	有価証券売却益	X	有価証券売却損		

仕　訳　　記号（A〜X）も必ず記入のこと

No.	借 方			貸 方		
	記号	勘 定 科 目	金 額	記号	勘 定 科 目	金 額
（例）	B	当 座 預 金	100,000	A	現 金	100,000
(1)						
(2)						
(3)						
(4)						
(5)						

〔第2問〕　次の　□　に入る正しい金額を計算しなさい。　　　　　　（12点）

(1)　当期首において，建設機械（取得原価¥3,000,000，耐用年数5年，残存価額ゼロ，見積総生産量15,000単位）を取得した。当年度における実際生産量は4,000単位である。生産高比例法による場合と定額法による場合の，当年度における減価償却費の差額は¥□である。

(2)　甲工事（工期5年，請負金額¥18,000,000，見積総工事原価¥15,840,000）については，成果の確実性が認められないため，前期までは工事完成基準を適用していたが，当期に成果の確実性を事後的に獲得したため，当期より工事進行基準を適用することとした。甲工事の前期までの工事原価発生額は¥1,508,000，当期の工事原価発生額は¥5,620,000であった。なお，工事着手時に請負金額の30％を受領している。工事進捗度の算定について原価比例法によっている場合，当期末の完成工事未収入金の残高は¥□である。

(3)　乙建設㈱は，20×1年4月1日に得意先の丙商店に対する貸付のために現金¥7,800,000を支出し，その見返りに同商店振出しの約束手形¥8,000,000（支払期日20×5年3月31日）を受け取った。償却原価法（定額法）による場合，当該貸付金の20×3年3月31日における貸借対照表価額は¥□である。

(4)　前払利息の期首残高は¥5,000で，当期における利息の支払額は¥350,000である。当期の損益計算書に記載された支払利息が¥340,000のとき，当期末の貸借対照表に記載される前払利息は¥□となる。

(1)　¥ □

(2)　¥ □

(3)　¥ □

(4)　¥ □

〔第3問〕　以下の問に答えなさい。　　　　　　　　　　　　　　　　（24点）

問1　次に示すような工事間接費は，どのような配賦基準を選択することが最も適切であるか，記号（A～E）で解答しなさい。

　1．労務作業量に比例して発生する費用
　2．タワークレーンの稼働時間に関連して発生する費用
　3．労務副費のような費用
　4．材料副費のような費用

＜配賦基準の種類＞
　A　機械運転時間　　　B　直接作業時間　　　C　材料費額
　D　労務費額　　　　　E　外注費額

問2　20×3年9月の工事原価に関する下記の＜資料＞により，次の問に解答しなさい。

　1．当月の完成工事原価報告書を完成しなさい。
　2．当月末の未成工事支出金勘定残高を計算しなさい。
　3．当月末の現場共通費配賦差異勘定残高を計算しなさい。なお，月次で発生する原価差異は，そのまま翌月に繰り越す処理をしている。また，その残高が借方差異の場合は「A」，貸方差異の場合は「B」を，解答用紙の所定の欄に記入しなさい。

＜資料＞
　1．当月の工事状況は次のとおりである。なお，収益の認識は工事完成基準を適用している。

工事番号	着　工	竣　工
No.201	20×2年10月	20×3年9月
No.202	20×2年12月	20×3年12月予定
No.212	20×3年4月	20×3年9月
No.213	20×3年9月	20×3年9月

2．前月から繰り越した工事原価に関する各勘定の内訳は，次のとおりである。

(1) 未成工事支出金

(単位：円)

工事番号	No. 201	No. 202	No. 212
材 料 費	1,230,000	850,000	380,000
労 務 費	560,000	235,000	143,000
外 注 費	3,800,000	1,380,000	520,000
経　　費	231,000	104,000	39,000

(2) 現場共通費配賦差異

甲部門　¥13,400（借方残高）　　　乙部門　¥8,320（貸方残高）

3．当月に発生した工事原価

(1) 工事直接費

(単位：円)

工事番号	No. 201	No. 202	No. 212	No. 213
材 料 費	30,000	120,000	50,000	250,000
労 務 費	81,000	42,000	40,000	134,000
外 注 費	382,000	127,000	69,000	652,000
直接経費	57,000	26,000	22,000	18,000

(2) 現場共通費

甲部門　¥119,400　　　乙部門　¥73,200

4．現場共通費の予定配賦

(1) 甲部門費の配賦基準は直接作業時間であり，当月の予定配賦率は1時間当たり¥1,200である。当月の工事別直接作業時間は次の通りである。

(単位：時間)

工事番号	No. 201	No. 202	No. 212	No. 213	合計
直接作業時間	40	20	15	30	105

(2) 乙部門費の配賦基準は直接材料費法であり，当月の予定配賦率は15％である。

(3) 現場共通費はすべて経費に属するものである。

(4) 予定配賦計算の過程で端数が生じた場合は，円未満を四捨五入すること。

問1

記号 （A～E）	1	2	3	4

問2

1.

完成工事原価報告書	
自　20×3年9月1日 至　20×3年9月20日	（単位：円）
Ⅰ. 材　　料　　費	
Ⅱ. 労　　務　　費	
Ⅲ. 外　　注　　費	
Ⅳ. 経　　　　　費	
完成工事原価	

2.

¥

3.

現場共通費配賦差異月末残高　¥ 　　　　　　　記号（AまたはB）

〔第4問〕　P建設株式会社は，各工事現場の管理のために，3台の車両（1号車，2号車，3号車）を使用している。これら車両に係る費用を各工事に配賦するために，車両走行距離を基準とした予定配賦法を採用している。次の＜資料＞に基づき，下記の問に解答しなさい。　　　　　　　　　　　　　　　　　　　　　　　　　（14点）

＜資料＞

(1) 当会計期間の車両関係費予算

1号車	減価償却費	¥860,000
2号車	減価償却費	¥540,000
3号車	減価償却費	¥1,085,000
車両修繕管理費		¥642,000
車両保険料その他		¥137,000

(2) 当会計期間の車両走行距離（予定）　25,000km

(3) 当月の工事現場別車両利用実績

甲 工 事	630km
乙 工 事	420km
丙 工 事	150km
その他の工事	180km

(4) 当月の車両関係費実際発生額　¥198,000

問1　当会計期間の車両関係費予定配賦率を計算しなさい。なお，計算過程において端数が生じた場合は，円未満を四捨五入すること。

問2　当月の丙工事への予定配賦額を計算しなさい。

問3　当月の車両関係費に関する配賦差異を計算しなさい。なお，配賦差異については，有利差異の場合は「A」，不利差異の場合は「B」を解答用紙の所定の欄に記入しなさい。

問1　¥ □

問2　¥ □

問3　¥ □　　記号（AまたはB）□

〔第5問〕　次の＜決算整理事項等＞に基づき，解答用紙の精算表を完成しなさい。なお，工事原価は未成工事支出金を経由して処理する方法によっている。会計期間は1年である。また，決算整理の過程で新たに生じる勘定科目で，精算表上に指定されている科目はそこに記入すること。　　　　　　　　　　　　　　　（30点）

＜決算整理事項等＞

(1)　当座預金の期末残高証明書を入手したところ，期末帳簿残高と差異があった。原因を調査したところ以下の内容であった。

①　備品購入代金の決済のために振り出した小切手¥1,500が相手先に未渡しであった。

②　工事未払金の決済のため材料仕入先に対して振り出していた小切手¥6,500がまだ銀行に提示されていなかった。

(2)　材料貯蔵品の期末棚卸により棚卸減耗¥2,500が判明した。これを工事原価に算入する。

(3)　仮払金の期末残高は，以下の内容であることが判明した。

①　¥6,500は管理部門従業員の出張旅費の仮払いであった。なお，実費との差額¥800については従業員が立て替えていた。

②　¥32,000は法人税等の中間納付額であった。

(4)　減価償却については，以下のとおりである。なお，当期中に固定資産の増減取引は発生していない。

①　機械装置（工事現場用）　　実際発生額　¥84,000

なお，月次原価計算において，月額¥7,500を未成工事支出金に予定計上している。当期の予定計上額と実際発生額との差額は当期の工事原価（未成工事支出金）に加減する。

②　備品（本社用）　　以下の事項により減価償却費を計上する。

取得原価　¥32,000　　残存価額　ゼロ　　耐用年数　8年

減価償却方法　定率法　　償却率　0.250

(5)　仮受金の期末残高は，以下の内容であることが判明した。

①　当期中に完成した工事の未収代金の回収分が¥14,000であった。

②　当期末に着手した工事の手付金が¥10,000であった。

(6)　売上債権の期末残高に対して1.2％の貸倒引当金を計上する（差額補充法）。なお，当期末の売上債権のうち貸倒が懸念される債権¥15,000については，回収不能と見込まれる¥7,500を個別に貸倒引当金として計上する。

(7)　完成工事高に対して0.2％の完成工事補償引当金を計上する（差額補充法）。

(8)　退職給付引当金の当期繰入額は本社事務員について¥7,000，現場作業員について¥18,000である。

(9)　上記の各調整を行った後の未成工事支出金の次期繰越額は¥63,600である。

(10)　当期の法人税，住民税及び事業税として税引前当期純利益の30％を計上する。

精　算　表

(単位：円)

勘定科目	残高試算表		整理記入		損益計算書		貸借対照表	
	借　方	貸　方	借　方	貸　方	借　方	貸　方	借　方	貸　方
現　　　　金	106,400							
当 座 預 金	234,000							
受 取 手 形	68,000							
完成工事未収入金	721,000							
貸 倒 引 当 金		8,400						
未成工事支出金	84,500							
材 料 貯 蔵 品	7,500							
仮 　 払 　 金	38,500							
機 械 装 置	250,000							
機械装置減価償却累計額		150,000						
備　　　　品	32,000							
備品減価償却累計額		14,000						
支 払 手 形		85,000						
工 事 未 払 金		115,000						
借 　 入 　 金		150,000						
未 　 払 　 金		61,000						
未成工事受入金		141,000						
仮 　 受 　 金		24,000						
完成工事補償引当金		22,000						
退職給付引当金		321,000						
資 　 本 　 金		100,000						
繰越利益剰余金		150,480						
完 成 工 事 高		9,800,000						
完成工事原価	8,594,000							
販売費及び一般管理費	975,000							
受取利息配当金		7,400						
支 払 利 息	38,380							
	11,149,280	11,149,280						
旅 費 交 通 費								
備品減価償却費								
貸倒引当金繰入額								
退職給付引当金繰入額								
未 払 法 人 税 等								
法人税, 住民税及び事業税								
当　期（　　　）								

第30回（令和3年度下期）検定試験

〔第1問〕　次の各取引について仕訳を示しなさい。使用する勘定科目は下記の＜勘定科目群＞から選び，その記号（A～X）と勘定科目を書くこと。なお，解答は次に掲げた（例）に対する解答例にならって記入しなさい。　　　　　　　　（20点）

（例）　現金￥100,000を当座預金に預け入れた。

(1)　1株当たりの払込金額￥3,600で新株を2,000株発行することとし，払込期日までに全額が取扱銀行に払い込まれた。

(2)　決算に当たり，期末における消費税の仮払分の残高は￥158,000であり，仮受分の残高は￥140,000であった。

(3)　建設用機械（取得価額￥600,000，前期末減価償却累計額￥480,000）を当期首に売却した。売却価額￥150,000は現金で受け取った。なお，減価償却費の記帳は直接記入法を採用している。

(4)　前期に着工したS工事については，前期より工事進行基準を適用している。S工事の工期は4年，請負金額￥45,000,000，総工事原価見積額￥37,500,000，前期の工事原価発生額￥7,500,000，当期の工事原価発生額￥11,250,000であった。なお，当期において得意先との交渉により，請負金額を￥5,000,000増額することができた。当期の完成工事高に関する仕訳を示しなさい。

(5)　A工務店から融資の申込を受け，小切手￥1,000,000を振り出した。借用証書の代りに同工務店振出しの約束手形を受け取った。

＜勘定科目群＞

A　現　　　　　金	B　当　座　預　金	C　別　段　預　金
D　受　取　手　形	E　完成工事未収入金	F　機　械　装　置
G　仮　払　消　費　税	H　未　収　消　費　税	J　手　形　貸　付　金
K　支　払　手　形	L　減価償却累計額	M　仮　受　消　費　税
N　未　払　消　費　税	Q　借　　入　　金	R　資　　本　　金
S　利　益　準　備　金	T　新株式申込証拠金	U　完　成　工　事　高
W　固定資産売却益	X　固定資産売却損	

㉚-2

仕　訳　　記号（A～X）も必ず記入のこと

No.	借　　方			貸　　方		
	記号	勘 定 科 目	金 　額	記号	勘 定 科 目	金 　額
（例）	B	当 座 預 金	100,000	A	現　　　　金	100,000
（1）						
（2）						
（3）						
（4）						
（5）						

〔第2問〕 次の □ に入る正しい数値を計算しなさい。 (12点)

(1) 本店は，大阪支店を独立会計単位として取り扱っている。ただし，支店の固定資産については，本店の管理下におき，本店でまとめて記録している。大阪支店における本店勘定が￥50,000の借方残高であるとき，大阪支店は支店用の乗用車を購入し，その代金￥500,000を支払うため小切手を振り出した。この取引後の大阪支店における本店勘定は￥ □ の借方残高である。

(2) 次の３つの機械装置を償却単位とする総合償却を実施する。機械装置Ａ（取得原価￥1,300,000，耐用年数５年，残存価額ゼロ），機械装置Ｂ（取得原価￥2,800,000，耐用年数７年，残存価額ゼロ），機械装置Ｃ（取得原価￥600,000，耐用年数３年，残存価額ゼロ）この償却単位に定額法を適用し，加重平均法で計算した平均耐用年数は □ 年である。なお，小数点以下は切り捨てるものとする。

(3) 期末に当座預金勘定残高と銀行の当座預金残高の差異分析を行ったところ，次の事実が判明した。①決算日に現金￥20,000を預け入れたが，銀行の閉店後であったため，翌日の入金として取り扱われていた。②Ｓ社への材料代の支払のため小切手￥35,000を作成したが，Ｓ社にまだ渡していなかった。③電気代￥12,000が引き落とされていたが，その通知が当社に未達であった。決算日現在における銀行の当座預金残高が￥331,000のとき，未達事項整理前の当座預金勘定の残高は￥ □ である。

(4) 材料元帳の期末残高は数量が1,200kg，単価は１kg当たり￥320であった。実地棚卸の結果，棚卸減耗48kgが判明した。この材料の期末における取引価格が１kg当たり￥280である場合，材料評価損は￥ □ である。

(1) ￥ □

(2) □ 年

(3) ￥ □

(4) ￥ □

〔第3問〕　次の＜資料＞に基づき，解答用紙に示す各勘定口座に適切な勘定科目あるいは金額を記入し，「完成工事原価報告書」を作成しなさい。なお，記入すべき勘定科目については，下記の＜勘定科目群＞から選び，その記号（A～H）で解答しなさい。　　　　　　　　　　　　　　　　　　　　　　　　　　　　　　　（14点）

＜資料＞

1．工事原価期首残高

材料費　¥13,000　　　労務費　¥34,000

外注費　¥76,000　　　経　費　¥11,000（うち，人件費は¥1,000）

2．工事原価次期繰越額

材料費　¥ 31,000　　　労務費　¥53,000

外注費　¥181,000　　　経　費　¥45,000（うち，人件費は¥5,000）

3．経費のうち人件費は¥100,000である。

＜勘定科目群＞

A　完 成 工 事 高　　　B　完 成 工 事 未 収 入 金　　　C　支 払 利 息

D　未 成 工 事 支 出 金　　E　完 成 工 事 原 価　　　F　損　　　　　益

G　販売費及び一般管理費　　H　未 成 工 事 受 入 金

未成工事支出金

前 期 繰 越			次 期 繰 越	
材 料 費				
労 務 費	140,000			
外 注 費	1,730,000			
経 費	230,000			

完成工事高

			完成工事未収入金	2,350,000
			未成工事受入金	500,000
		×　×　×　×		×　×　×　×

完成工事原価

☐	☐	☐	2,230,000

販売費及び一般管理費

× × × ×	183,000	☐	☐
× × × ×	112,000		
× × × ×			× × × ×

支 払 利 息

当 座 預 金	58,000	☐	☐

損　　益

☐	☐	☐	☐
☐	☐		
☐	☐		
繰 越 利 益 剰 余 金	☐		
	☐		☐

完成工事原価報告書
自　20×1年4月1日
至　20×2年3月31日　　　　（単位：円）

Ⅰ. 材　料　費	☐
Ⅱ. 労　務　費	☐
Ⅲ. 外　注　費	☐
Ⅳ. 経　　　費	☐
（うち人件費 ☐ ）	
完成工事原価	☐

〔第4問〕 以下の問に解答しなさい。 (24点)

問1 次に示すような営業費は，下記の＜営業費の種類＞のいずれに属するものか，記号（A～C）で解答しなさい。

　　1．物流費
　　2．広告宣伝費
　　3．経理部における事務用品費
　　4．市場調査費

　＜営業費の種類＞
　　A　注文獲得費　　　B　注文履行費　　　C　全般管理費

問2 次の＜資料＞に基づき，解答用紙の部門費振替表を完成しなさい。なお，配賦方法については，直接配賦法によること。

　＜資料＞
　　1．補助部門費の配賦基準と配賦データ

補助部門	配賦基準	甲工事部	乙工事部	丙工事部
機械部門	馬力数×時間	20×30時間	15×20時間	30×10時間
車両部門	運搬量	?	?	?
仮設部門	セット×日数	3×5日	?	2×5日

　　2．各補助部門の原価発生額は次のとおりである。

（単位：円）

機械部門	車両部門	仮設部門
1,440,000	?	960,000

問1

記号	1	2	3	4
（A～C）				

問2

部門費振替表

（単位：円）

摘　　要	工　事　部			補　助　部　門		
	甲工事部	乙工事部	丙工事部	機械部門	車両部門	仮設部門
部　門　費　合　計	7,350,000	3,750,000	2,380,000			
機　械　部　門　費						
車　　両　　部　　門	231,000	186,000	132,000			
仮　　設　　部　　門		560,000				
補助部門費配賦額合計						
工　　事　　原　　価						

〔第5問〕　次の＜決算整理事項等＞に基づき，解答用紙の精算表を完成しなさい。なお，工事原価は未成工事支出金を経由して処理する方法によっている。会計期間は1年である。また，決算整理の過程で新たに生じる勘定科目で，精算表上に指定されている科目はそこに記入すること。　　　　　　　　　　　　　　　　　　（30点）

＜決算整理事項等＞

(1)　期末における現金の帳簿残高は¥12,500であるが，実際の手元有高は¥9,500であった。調査の結果，不足額のうち¥2,500は郵便切手の購入代金の記帳漏れであった。それ以外の原因は不明である。

(2)　仮設材料費の把握についてはすくい出し方式を採用しているが，現場から撤去されて倉庫に戻された評価額¥1,200の仮設材料について未処理であった。

(3)　仮払金の期末残高は，以下の内容であることが判明した。
　　①　¥1,800は借入金利息の3か月分であり，うち1か月は前払いである。
　　②　¥26,600は法人税等の中間納付額である。

(4)　減価償却については，以下のとおりである。なお，当期中に固定資産の増減取引は発生していない。
　　①　機械装置（工事現場用）　　実際発生額　¥62,000
　　　　なお，月次原価計算において，月額¥5,000を未成工事支出金に予定計上している。当期の予定計上額と実際発生額との差額は当期の工事原価（未成工事支出金）に加減する。
　　②　備品（本社用）　以下の事項により減価償却費を計上する。
　　　　取得原価　¥48,000　　残存価額　ゼロ　　耐用年数　3年
　　　　減価償却方法　定額法

(5)　仮受金の期末残高は，以下の内容であることが判明した。
　　①　当期中に完成した工事の未収代金の回収分¥10,000
　　②　当期末に施工中の工事代金¥8,000
　　③　現場で発生したスクラップの売却代金¥5,000

(6)　売上債権の期末残高に対して1.2％の貸倒引当金を計上する（差額補充法）。

(7)　完成工事高に対して0.2％の完成工事補償引当金を計上する（差額補充法）。

(8)　退職給付引当金の当期繰入額は本社事務員については¥3,600，現場作業員については¥9,400である。

(9)　上記の各調整を行った後の未成工事支出金の次期繰越額は¥137,900である。

(10)　当期の法人税，住民税及び事業税として税引前当期純利益の30％を計上する。

精　算　表

(単位：円)

勘定科目	残高試算表 借方	残高試算表 貸方	整理記入 借方	整理記入 貸方	損益計算書 借方	損益計算書 貸方	貸借対照表 借方	貸借対照表 貸方
現　　　　金	12,500							
当 座 預 金	203,000							
受 取 手 形	47,000							
完成工事未収入金	693,000							
貸 倒 引 当 金		7,500						
未成工事支出金	157,100							
材 料 貯 蔵 品	5,700							
仮 　払 　金	28,400							
機 械 装 置	150,000							
機械装置減価償却累計額		65,000						
備　　　　品	48,000							
備品減価償却累計額		16,000						
支 払 手 形		83,000						
工 事 未 払 金		115,000						
借 　入 　金		150,000						
未 　払 　金		61,000						
未成工事受入金		141,000						
仮 　受 　金		23,000						
完成工事補償引当金		10,500						
退職給付引当金		187,000						
資 　本 　金		100,000						
繰越利益剰余金		215,040						
完 成 工 事 高		5,550,000						
完 成 工 事 原 価	4,484,500							
販売費及び一般管理費	875,000							
受取利息配当金		5,560						
支 払 利 息	25,400							
	6,729,600	6,729,600						
通 　信 　費								
雑 　損 　失								
前 払 費 用								
備品減価償却費								
貸倒引当金繰入額								
退職給付引当金繰入額								
未 払 法 人 税 等								
法人税,住民税及び事業税								
当 期 (　　　)								

第31回（令和4年度上期）検定試験

〔第1問〕 次の各取引について仕訳を示しなさい。使用する勘定科目は下記の＜勘定科目群＞から選び，その記号（A～X）と勘定科目を書くこと。なお，解答は次に掲げた（例）に対する解答例にならって記入しなさい。 （20点）

（例） 現金￥100,000を当座預金に預け入れた。

(1) 社債（額面￥10,000,000）を￥100につき￥98で買い入れ，端数利息￥50,000とともに小切手を振り出して支払った。

(2) 本社建物の補修工事を行い，その代金￥1,850,000は約束手形を振り出して支払った。この代金のうち￥500,000は改良のための支出と認められ，残りは原状回復のための支出であった。

(3) 取締役会の決議により，資本準備金￥5,000,000を資本金に組み入れ，株式1,000株を株主に無償交付した。

(4) 甲工事（工期は5年，請負金額￥550,000,000，総工事原価見積額￥473,000,000）は，前期より着工し，工事進行基準を適用している。当期末において，実行予算の見直しを行い，追加の工事原価見積額￥5,000,000を認識した。前期の工事原価発生額￥70,950,000，当期の工事原価発生額￥72,450,000であった。当期の完成工事高に関する仕訳を示しなさい。

(5) 過年度において顧客に引き渡した建物について，保証に基づき当期に補修工事を行った。当該補修工事に係る支出額￥260,000は小切手で支払った。なお，前期決算において￥580,000を引当計上している。

＜勘定科目群＞

A 現　　　金	B 当座預金	C 受取手形
D 完成工事未収入金	E 建　　　物	F 建設仮勘定
G 投資有価証券	H 営業外支払手形	J 工事未払金
K 社　　　債	L 修繕引当金	M 完成工事補償引当金
N 資　本　金	Q 資本準備金	R 完成工事高
S 完成工事原価	T 完成工事補償引当金繰入額	U 社債利息
W 有価証券利息	X 修　繕　費	

仕　訳　　記号（A～X）も必ず記入のこと

No.	借	方		貸	方	
	記号	勘 定 科 目	金　　額	記号	勘 定 科 目	金　　額
（例）	B	当 座 預 金	100,000	A	現　　　　　金	100,000
(1)						
(2)						
(3)						
(4)						
(5)						

〔第2問〕　次の　□　に入る正しい金額を計算しなさい。　　　　　　　　（12点）

(1)　自己所有の工事用機械（取得価額￥5,200,000，減価償却累計額￥2,800,000）と
　　交換に他社の中古の工事用機械を取得し，交換差金￥300,000は小切手を振り出し
　　て支払った。当該中古工事用機械の取得原価は￥□である。

(2)　社債￥20,000,000を額面￥100につき￥99.8で買入償還し，端数利息￥50,000と
　　ともに現金で支払った。このとき，社債償還益は￥□である。

(3)　本店の大阪支店勘定残高は￥2,900（借方），大阪支店の本店勘定残高は￥2,360
　　（貸方）である。決算にあたり，以下の未達事項を整理した結果，本店の大阪支店
　　勘定の残高と大阪支店の本店勘定の残高はそれぞれ￥□となり一致した。

　①　本店は，大阪支店の得意先の完成工事未収入金￥450を回収したが，その連絡
　　は大阪支店に未達である。

　②　大阪支店から本店に送金した￥250は未達である。

　③　本店は，大阪支店の負担すべき旅費￥210および交際費￥180を立替払いしたが，
　　その連絡が大阪支店に未達である。

　④　本店から大阪支店に発送した材料￥350は未達である。

(4)　消費税の会計処理については税抜方式を採用している。期末における仮払消費税
　　￥□および仮受消費税￥352,000であるとき，未払消費税は￥86,000である。

(1)　￥

(2)　￥

(3)　￥

(4)　￥

〔第3問〕　次の＜資料＞に基づき，当社の9月の原価計算期間における，A材料の材料費を計算しなさい。なお，単価の決定方法については，解答用紙に指定した各方法によること。　　　　　　　　　　　　　　　　　　　　　　（14点）

＜資料＞

9月A材料受払データ

		数量(kg)	単価(円)
9月1日	前月繰越	200	140
5日	甲建材より仕入	800	190
9日	No.101工事へ払出	400	
12日	乙建材より仕入	400	180
14日	No.102工事へ払出	300	
16日	No.101工事へ払出	300	
18日	甲建材より仕入	600	150
20日	No.102工事へ払出	500	
24日	No.103工事へ払出	100	
28日	No.101工事へ払出	150	

(1)　先入先出法を用いた場合の材料費　　¥ _____

(2)　移動平均法を用いた場合の材料費　　¥ _____

(3)　総平均法を用いた場合の材料費　　　¥ _____

〔第4問〕 以下の設問に解答しなさい。 (24点)

問1 我が国の『原価計算基準』では，原価は次の4つの本質を有するものとしている。次の文章の ☐ に入れるべき最も適当な用語を下記の＜用語群＞の中から選び，記号（A～H）で解答しなさい。

1．原価は， ア の消費である。

2．原価は， イ において作り出された一定の ウ に転嫁される価値である。

3．原価は， イ 目的に関連したものである。

4．原価は， エ である。原則として偶発的，臨時的な価値の喪失を含めるべきではない。

＜用語群＞

A 生 産 　　B 経 営 　　C 財 務
D 給 付 　　E 市 場 価 値 　　F 経 済 価 値
G 標準的なもの 　　H 正常的なもの

問2 次の＜資料＞に基づき，解答用紙の工事別原価計算表を完成しなさい。また，工事間接費配賦差異の月末残高を計算しなさい。なお，その残高が借方の場合は「A」，貸方の場合は「B」を，解答用紙の所定の欄に記入しなさい。

＜資料＞

1．当月は，No.301とNo.302の前月繰越工事および当月より着手したNo.401とNo.402の工事を施工し，月末にはNo.302とNo.401の工事が完成した。いずれも工事完成基準により収益を認識している。

2．前月から繰り越した工事原価に関する各勘定の前月繰越高は，次のとおりである。

(1) 未成工事支出金

(単位：円)

工 事 番 号	No.301	No.302
材 料 費	203,000	580,000
労 務 費	182,000	324,000
外 注 費	650,000	910,000
経 費	121,000	192,000

(2) 工事間接費配賦差異 ￥2,500（借方残高）

(注) 工事間接費配賦差異は月次においては繰り越すこととしている。

3．労務費に関するデータ
 ⑴　労務費計算は予定賃率を用いており，当会計期間の予定賃率は1時間当たり
 　　¥1,500である。
 ⑵　当月の直接作業時間
 　　No.301　126時間
 　　No.302　205時間
 　　No.401　295時間
 　　No.402　316時間

4．当月に発生した工事直接費

（単位：円）

工 事 番 号	No.301	No.302	No.401	No.402
材 料 費	414,000	539,000	491,000	562,000
労 務 費	（資料により各自計算）			
外 注 費	670,000	873,000	1,296,000	972,000
直 接 経 費	127,000	230,500	170,500	242,000

5．工事間接費の配賦方法と実際発生額
 ⑴　工事間接費については直接原価基準による予定配賦法を採用している。
 ⑵　当会計期間の直接原価の総発生見込額は¥81,500,000である。
 ⑶　当会計期間の工事間接費予算額は¥3,260,000である。
 ⑷　工事間接費の当月実際発生額は¥323,000である。
 ⑸　工事間接費はすべて経費である。

問1

記号 （A～H）	ア	イ	ウ	エ

問2

工事別原価計算表

（単位：円）

摘　要	No. 301	No. 302	No. 401	No. 402	計
月初未成工事原価			——	——	
当月発生工事原価					
材　料　費					
労　務　費					
外　注　費					
直 接 経 費					
工 事 間 接 費					
当月完成工事原価	——			——	
月末未成工事原価		——	——		

工事間接費配賦差異月末残高　¥ ☐　　記号（AまたはB）☐

〔第5問〕　次の＜決算整理事項等＞に基づき，解答用紙の精算表を完成しなさい。なお，工事原価は未成工事支出金を経由して処理する方法によっている。会計期間は1年である。また，決算整理の過程で新たに生じる勘定科目で，精算表上に指定されている科目はそこに記入すること。　　　　　　　　　　　　　（30点）

＜決算整理事項等＞

(1)　当座預金の期末残高証明書を入手したところ，期末帳簿残高と差異があった。差額原因を調査したところ以下の内容であった。

　　①　決算日に現金¥8,500を預け入れたが，銀行の閉店後であったため，翌日入金として扱われた。

　　②　消耗品購入代金の決済のために振り出した小切手¥13,500が相手先に未渡しであった。

　　③　借入金の利息¥1,200が当座預金から引き落とされていたが，その通知が当社に未達であった。

(2)　材料貯蔵品の期末実地棚卸により判明した棚卸減耗¥800を工事原価に算入する。

(3)　仮払金の期末残高は，以下の内容であることが判明した。

　　①　¥5,000は管理部門従業員の出張旅費の仮払いである。なお，実費との差額¥1,200は現金で返金を受けた。

　　②　¥27,900は法人税等の中間納付額である。

(4)　減価償却については，以下のとおりである。なお，当期中に固定資産の増減取引は発生していない。

　　①　機械装置（工事現場用）　　実際発生額　¥28,000

　　　　なお，月次原価計算において，月額¥2,500を未成工事支出金に予定計上している。当期の予定計上額と実際発生額との差額は当期の工事原価（未成工事支出金）に加減する。

　　②　備品（本社用）

　　　　取得原価　¥60,000（前期首取得）　　残存価額　ゼロ　　耐用年数　4年

　　　　償却率　0.500　　減価償却方法　定率法

(5)　仮受金の期末残高¥18,000は，前期に完成した工事の未収代金回収分であることが判明した。

(6)　売上債権の期末残高に対して1.2％の貸倒引当金を計上する（差額補充法）。

(7)　完成工事高に対して0.2％の完成工事補償引当金を計上する（差額補充法）。

(8)　退職給付引当金の当期繰入額は本社事務員について¥2,800，現場作業員について¥8,700である。

(9)　上記の各調整を行った後の未成工事支出金の次期繰越額は¥241,060である。

(10)　当期の法人税，住民税及び事業税として税引前当期純利益の30％を計上する。

精　算　表

(単位：円)

勘定科目	残高試算表		整理記入		損益計算書		貸借対照表	
	借　方	貸　方	借　方	貸　方	借　方	貸　方	借　方	貸　方
現　　　　金	21,600							
当 座 預 金	123,000							
受 取 手 形	43,000							
完成工事未収入金	425,000							
貸 倒 引 当 金		4,500						
未成工事支出金	266,400							
材 料 貯 蔵 品	2,600							
仮　払　金	32,900							
機 械 装 置	123,000							
機械装置減価償却累計額		65,000						
備　　　　品	60,000							
備品減価償却累計額		30,000						
支 払 手 形		65,000						
工 事 未 払 金		115,000						
借　入　金		120,000						
未　払　金		61,000						
未成工事受入金		71,000						
仮　受　金		18,000						
完成工事補償引当金		14,500						
退職給付引当金		134,000						
資　本　金		100,000						
繰越利益剰余金		74,200						
完 成 工 事 高		7,630,000						
完 成 工 事 原 価	6,694,000							
販売費及び一般管理費	694,000							
受取利息配当金		7,800						
支 払 利 息	24,500							
	8,510,000	8,510,000						
旅 費 交 通 費								
減 価 償 却 費								
貸倒引当金繰入額								
退職給付引当金繰入額								
未 払 法 人 税 等								
法人税, 住民税及び事業税								
当　期（　　　）								

第32回(令和4年度下期)検定試験

〔第1問〕　次の各取引について仕訳を示しなさい。使用する勘定科目は下記の<勘定科目群>から選び，その記号（A～X）と勘定科目を書くこと。なお，解答は次に掲げた（例）に対する解答例にならって記入しなさい。　　　　　　　（20点）

（例）　現金¥100,000を当座預金に預け入れた。

(1)　甲社は株主総会の決議により，資本金¥12,000,000を減資した。

(2)　乙社は，確定申告時において法人税を現金で納付した。対象事業年度の法人税額は¥3,800,000であり，期中に中間申告として¥1,500,000を現金で納付済である。

(3)　丙工務店は，自己所有の中古のクレーン（簿価¥1,500,000）と交換に，他社のクレーンを取得し交換差金¥100,000を小切手を振り出して支払った。

(4)　前期に貸倒損失として処理済の完成工事未収入金¥520,000が現金で回収された。

(5)　前期に着工した請負金額¥28,000,000のA工事については，工事進行基準を適用して収益計上している。前期における工事原価発生額は¥1,666,000であり，当期は¥9,548,000であった。工事原価総額の見積額は当初¥23,800,000であったが，当期において見積額を¥24,920,000に変更した。工事進捗度の算定について原価比例法によっている場合，当期の完成工事高に関する仕訳を示しなさい。

<勘定科目群>

A　現　　　　　金	B　当　座　預　金	C　受　取　手　形
D　完成工事未収入金	E　未成工事支出金	F　仮払法人税等
G　機　械　装　置	H　工　事　未　払　金	J　貸　倒　引　当　金
K　未払法人税等	L　資　　本　　金	M　その他資本剰余金
N　利　益　準　備　金	Q　完　成　工　事　高	R　完　成　工　事　原　価
S　貸　倒　損　失	T　貸倒引当金戻入益	U　償却債権取立益
W　固定資産売却益	X　法人税,住民税及び事業税	

仕　訳　　記号（A～X）も必ず記入のこと

No.	借　方			貸　方		
	記号	勘 定 科 目	金　額	記号	勘 定 科 目	金　額
（例）	B	当 座 預 金	100,000	A	現　　　金	100,000
(1)						
(2)						
(3)						
(4)						
(5)						

〔第2問〕 次の □ に入る正しい金額を計算しなさい。 (12点)

(1) 当月の賃金支給総額は¥31,530,000であり，所得税¥1,600,000，社会保険料¥4,215,000を控除して現金にて支給される。前月末の未払賃金残高が¥9,356,000で，当月の労務費が¥32,210,000であったとすれば，当月末の未払賃金残高は¥ □ である。

(2) 期末にX銀行の当座預金の残高証明書を入手したところ，¥1,280,000であり，当社の勘定残高とは¥ □ の差異が生じていた。そこで，差異分析を行ったところ，次の事実が判明した。

① 決算日に現金¥5,000を預け入れたが，銀行の閉店後であったため，翌日の入金として取り扱われていた。

② 備品購入代金の決済のため振り出した小切手¥15,000が，相手先に未渡しであった。

③ 借入金の利息¥2,000が引き落とされていたが，その通知が当社に未達であった。

④ 材料の仕入先に対して振り出していた小切手¥18,000がまだ銀行に呈示されていなかった。

(3) 工事用機械（取得価額¥12,500,000，残存価額ゼロ，耐用年数8年）を20×1年期首に取得し定額法で償却してきたが，20×5年期末において¥5,000,000で売却した。このときの固定資産売却損益は¥ □ である。

(4) 前期に倉庫（取得価額¥3,500,000，減価償却累計額¥2,500,000）を焼失した。同倉庫には火災保険が付してあり，査定中となっていたが，当期に保険会社から正式な査定を受け，現金¥ □ を受け取ったため，保険差益¥200,000を計上した。

(1) ¥ □

(2) ¥ □

(3) ¥ □

(4) ¥ □

〔第3問〕 現場技術者に対する従業員給料手当（工事間接費）に関する次の＜資料＞に基づいて，下記の問に解答しなさい。 (14点)

＜資料＞

(1) 当会計期間の従業員給料手当予算額　　　　　　　　　　￥78,660,000
(2) 当会計期間の現場管理延べ予定作業時間　　　　　　　　34,200時間
(3) 当月の工事現場管理実際作業時間　　　No.101工事　　　350時間
　　　　　　　　　　　　　　　　　　　No.201工事　　　240時間
　　　　　　　　　　　　　　　　　　　その他の工事　　2,100時間
(4) 当月の従業員給料手当実際発生額　　　総額　　　　　￥6,200,000

問1　当会計期間の予定配賦率を計算しなさい。なお，計算過程において端数が生じた場合は，円未満を四捨五入すること。

問2　当月のNo.201工事への予定配賦額を計算しなさい。

問3　当月の配賦差異を計算しなさい。なお，配賦差異については，借方差異の場合は「A」，貸方差異の場合は「B」を解答用紙の所定の欄に記入しなさい。

問1　￥ [　　　　　　]

問2　￥ [　　　　　　]

問3　￥ [　　　　　　]　　記号（AまたはB）[　　　]

〔第4問〕　以下の問に解答しなさい。　　　　　　　　　　　　　　（24点）

問1　以下の文章の □ に入れるべき最も適当な用語を下記の＜用語群＞の中から
　　選び，記号（A～G）で解答しなさい。

　　　部門共通費の配賦基準は，その性質によって， 1 配賦基準（動力使用量な
　　ど）， 2 配賦基準（作業時間など）， 3 配賦基準（建物専有面積など）に
　　分類することができる。また，その単一性によって，単一配賦基準，複合配賦基準
　　に分類することができ，複合配賦基準の具体的な例としては， 4 などがある。

　　＜用語群＞

　　　A　規　　　　　　模　　　B　運　搬　回　数　　　C　サ ー ビ ス 量
　　　D　重量×運搬回数　　　　E　費　目　一　括　　　F　従　業　員　数
　　　G　活　　　動　　　量

問2　20×2年9月の工事原価に関する次の＜資料＞に基づいて，当月（9月）の完成
　　工事原価報告書を完成しなさい。また，工事間接費配賦差異勘定の月末残高を計算
　　しなさい。なお，その残高が借方の場合は「A」，貸方の場合は「B」を解答用紙
　　の所定の欄に記入しなさい。

　　＜資料＞

　　　1．当月の工事状況（収益の認識は工事完成基準による）

工 事 番 号	No.701	No.801	No.901	No.902
着　　　　工	7月	8月	9月	9月
竣　　　　工	9月	9月	9月	12月（予定）

　　　2．前月から繰り越した工事原価に関する各勘定残高

　　　（1）　未成工事支出金

（単位：円）

工 事 番 号	No.701	No.801
材　料　費	218,000	171,000
労　務　費	482,000	591,000
外　注　費	790,000	621,000
経　　　費	192,000	132,000
合　　　計	1,682,000	1,515,000

　　　（2）　工事間接費配賦差異

　　　　　甲部門　￥5,600（借方残高）　　　乙部門　￥2,300（貸方残高）

（注）　工事間接費配賦差異は月次においては繰り越すこととしている。

3．当月における材料の棚卸・受払に関するデータ（材料消費単価の決定方法は先
　　入先出法による）

日　付	摘　　要	数量（Kg）	単価（円）
9月1日	前月繰越	800	220
9月2日	No.801工事に払出	400	
9月5日	X建材より仕入	1,600	250
9月9日	No.901工事に払出	1,200	
9月15日	No.701工事に払出	600	
9月22日	Y建材より仕入	1,200	180
9月26日	No.901工事に払出	400	
9月27日	No.902工事に払出	500	

4．当月に発生した工事直接費

（単位：円）

工事番号	No.701	No.801	No.901	No.902
材　料　費	（各自計算）	（各自計算）	（各自計算）	（各自計算）
労　務　費	450,000	513,000	819,000	621,000
外　注　費	1,120,000	2,321,000	1,523,000	820,000
直接経費	290,000	385,000	302,000	212,000

5．当月の甲部門および乙部門において発生した工事間接費の配賦（予定配賦法）
　(1)　甲部門の配賦基準は直接材料費基準であり，当会計期間の予定配賦率は3％
　　　である。
　(2)　乙部門の配賦基準は直接作業時間基準であり，当会計期間の予定配賦率は1
　　　時間当たり¥2,200である。
　　　当月の工事別直接作業時間

（単位：時間）

工事番号	No.701	No.801	No.901	No.902
作業時間	15	32	124	29

　(3)　工事間接費の当月実際発生額
　　　甲部門　¥20,000　　　乙部門　¥441,000
　(4)　工事間接費は経費として処理している。

問1

記号
（A～G）

	1	2	3	4

問2

完成工事原価報告書
自　20×2年9月1日
至　20×2年9月30日　　（単位：円）

Ⅰ．材　料　費　　　　☐

Ⅱ．労　務　費　　　　☐

Ⅲ．外　注　費　　　　☐

Ⅳ．経　　　費　　　　☐

　　　　完成工事原価　　☐

工事間接費配賦差異月末残高　☐　円　　記号（AまたはB）☐

〔第5問〕 次の＜決算整理事項等＞に基づき，解答用紙の精算表を完成しなさい。なお，工事原価は未成工事支出金を経由して処理する方法によっている。会計期間は1年である。また，決算整理の過程で新たに生じる勘定科目で，精算表上に指定されている科目はそこに記入すること。なお，計算過程において端数が生じた場合には円未満を切り捨てること。　　　　　　　　　　　　　　　　　(30点)

＜決算整理事項等＞

(1) 期末における現金帳簿残高は¥23,500であるが，実際の手元有高は¥22,800であった。原因は不明である。

(2) 仮設材料費の把握はすくい出し方式を採用しているが，現場から撤去されて倉庫に戻された評価額¥1,200について未処理である。

(3) 仮払金の期末残高は，以下の内容であることが判明した。

① ¥900は借入金利息の3か月分であり，うち1か月は前払いである。

② ¥31,700は法人税等の中間納付額である。

(4) 減価償却については，以下のとおりである。なお，当期中の固定資産の増減取引は③のみである。

① 機械装置（工事現場用）　　実際発生額　¥45,000

なお，月次原価計算において，月額¥3,500を未成工事支出金に予定計上している。当期の予定計上額と実際発生額との差額は当期の工事原価（未成工事支出金）に加減する。

② 備品（本社用）　　以下の事項により減価償却費を計上する。

取得原価　¥60,000　　残存価額　ゼロ　　耐用年数　3年

減価償却方法　定額法

③ 建設仮勘定　　適切な科目に振替えた上で，以下の事項により減価償却費を計上する。

当期首に完成した本社事務所

取得原価　¥48,000　　残存価額　ゼロ　　耐用年数　24年

減価償却方法　定額法

(5) 仮受金の期末残高¥12,000は，前期に完成した工事の未収代金回収分であることが判明した。

(6) 売上債権の期末残高に対して1.2％の貸倒引当金を計上する（差額補充法）。

(7) 完成工事高に対して0.2％の完成工事補償引当金を計上する（差額補充法）。

(8) 賞与引当金の当期繰入額は本社事務員について¥5,000，現場作業員について¥13,500である。

(9) 退職給付引当金の当期繰入額は本社事務員について¥3,200，現場作業員について¥9,300である。

(10) 上記の各調整を行った後の未成工事支出金の次期繰越額は¥112,300である。

(11) 当期の法人税，住民税及び事業税として税引前当期純利益の30％を計上する。

精　算　表

（単位：円）

勘定科目	残高試算表		整理記入		損益計算書		貸借対照表	
	借　方	貸　方	借　方	貸　方	借　方	貸　方	借　方	貸　方
現　　　　　金	23,500							
当 座 預 金	152,900							
受 取 手 形	255,000							
完成工事未収入金	457,000							
貸 倒 引 当 金		8,000						
未成工事支出金	151,900							
材 料 貯 蔵 品	3,300							
仮　　払　　金	32,600							
機 械 装 置	250,000							
機械装置減価償却累計額		150,000						
備　　　　品	60,000							
備品減価償却累計額		20,000						
建 設 仮 勘 定	48,000							
支 払 手 形		32,500						
工 事 未 払 金		95,000						
借　　入　　金		196,000						
未　　払　　金		48,100						
未成工事受入金		233,000						
仮　　受　　金		12,000						
完成工事補償引当金		19,000						
退職給付引当金		187,000						
資　　本　　金		100,000						
繰越利益剰余金		117,320						
完 成 工 事 高		9,583,000						
完 成 工 事 原 価	7,566,000							
販売費及び一般管理費	1,782,000							
受取利息配当金		17,280						
支 払 利 息	36,000							
	10,818,200	10,818,200						
雑　　損　　失								
前 払 費 用								
備品減価償却費								
建　　　　物								
建物減価償却費								
建物減価償却累計額								
貸倒引当金繰入額								
賞与引当金繰入額								
賞 与 引 当 金								
退職給付引当金繰入額								
未 払 法 人 税 等								
法人税, 住民税及び事業税								
当 期 （　　　）								

第33回(令和5年度上期)検定試験

〔第1問〕 次の各取引について仕訳を示しなさい。使用する勘定科目は下記の＜勘定科目群＞の中から選び，その記号（A～X）と勘定科目を書くこと。なお，解答は次に掲げた（例）に対する解答例にならって記入しなさい。 (20点)

（例） 現金¥100,000を当座預金に預け入れた。

(1) 株主総会において，別途積立金¥1,800,000を取り崩すことが決議された。

(2) 本社事務所の新築工事が完成し引渡しを受けた。契約代金¥21,000,000のうち，契約時に¥7,000,000を現金で支払っており，残額は小切手を振り出して支払った。

(3) 社債（額面総額：¥5,000,000，償還期間：5年，年利：1.825%，利払日：毎年9月と3月の末日）を¥100につき¥98で5月1日に買入れ，端数利息とともに小切手を振り出して支払った。

(4) 機械（取得原価：¥8,200,000，減価償却累計額：¥4,920,000）を焼失した。同機械には火災保険が付してあり査定中である。

(5) 前期に完成し引き渡した建物に欠陥があったため，当該補修工事に係る外注工事代¥500,000（代金は未払い）が生じた。なお，完成工事補償引当金の残高は¥1,500,000である。

＜勘定科目群＞

A	現　　　　金	B	当 座 預 金	C	投資有価証券
D	建　　　　物	E	建 設 仮 勘 定	F	工 事 未 払 金
G	機械装置減価償却累計額	H	完成工事補償引当金	J	機 械 装 置
K	別 途 積 立 金	L	繰越利益剰余金	M	社　　　　債
N	社 債 利 息	Q	外 　注 　費	R	完成工事補償引当金繰入
S	有価証券利息	T	支 払 利 息	U	火 災 未 決 算
W	保 険 差 益	X	火 災 損 失		

仕　訳　　記号（A～X）も必ず記入のこと

No.	借 方			貸 方		
	記号	勘 定 科 目	金 額	記号	勘 定 科 目	金 額
（例）	B	当 座 預 金	100,000	A	現　　　　金	100,000
（1）						
（2）						
（3）						
（4）						
（5）						

〔第2問〕 次の □ に入る正しい数値を計算しなさい。　　　　　(12点)

(1) 材料元帳の期末残高は数量が3,200個であり，単価は￥150であった。実地棚卸の結果，棚卸減耗50個が判明した。この材料の期末における取引価格が単価￥□である場合，材料評価損は￥25,200である。

(2) 前期に請負金額￥80,000,000のA工事（工期は5年）を受注し，収益の認識については前期より工事進行基準を適用している。当該工事の前期における総見積原価は￥60,000,000であったが，当期末において，総見積原価を￥56,000,000に変更した。前期における工事原価の発生額は￥9,000,000であり，当期は￥10,600,000である。工事進捗度の算定を原価比例法によっている場合，当期の完成工事高は￥□である。

(3) 次の4つの機械装置を償却単位とする総合償却を実施する。
    機械装置A（取得原価：￥2,500,000，耐用年数：5年，残存価額：￥250,000）
    機械装置B（取得原価：￥5,200,000，耐用年数：9年，残存価額：￥250,000）
    機械装置C（取得原価：￥600,000，耐用年数：3年，残存価額：￥90,000）
    機械装置D（取得原価：￥300,000，耐用年数：3年，残存価額：￥30,000）
    この償却単位に定額法を適用し，加重平均法で計算した平均耐用年数は □ 年である。なお，小数点以下は切り捨てるものとする。

(4) 甲社（決算日は3月31日）は，就業規則において，賞与の支給月を6月と12月の年2回，支給対象期間をそれぞれ12月1日から翌5月末日，6月1日から11月末日と定めている。当期末において，翌6月の賞与支給額を￥12,000,000と見込み，賞与引当金を￥□計上する。

(1) ￥ □

(2) ￥ □

(3) □ 年

(4) ￥ □

〔第3問〕　次の＜資料＞に基づき，適切な部門および金額を記入し，解答用紙の「部門費振替表」を作成しなさい。配賦方法は「階梯式配賦法」とし，補助部門費に関する配賦は第1順位を運搬部門，第2順位を機械部門，第3順位を仮設部門とする。また，計算の過程において端数が生じた場合には，円未満を四捨五入すること。

(14点)

＜資料＞

(1)　各部門費の合計額

工事第1部　¥5,435,000　　工事第2部　¥8,980,000　　工事第3部　¥2,340,000

運搬部門　　¥185,000　　機械部門　　¥425,300　　仮設部門　　¥253,430

(2)　各補助部門の他部門へのサービス提供度合

(単位：％)

	工事第1部	工事第2部	工事第3部	仮設部門	機械部門	運搬部門
運搬部門	25	40	28	5	2	—
機械部門	32	35	25	8	—	—
仮設部門	30	40	30	—	—	—

部 門 費 振 替 表

(単位：円)

摘　要	合　計	施行部門			補助部門		
		工事第1部	工事第2部	工事第3部	(　)部門	(　)部門	(　)部門
部門費合計							
(　)部門							—
(　)部門							—
(　)部門						—	—
合　計					—	—	—
(配賦金額)	—				—	—	—

〔第4問〕 以下の問に解答しなさい。　　　　　　　　　　　　　　　（24点）

問1　次の費用あるいは損失は，原価計算制度によれば，下記の＜区分＞のいずれに属するものか，記号（A～C）で解答しなさい。

　　1．鉄骨資材の購入と現場搬入費
　　2．本社経理部職員の出張旅費
　　3．銀行借入金利子
　　4．資材盗難による損失
　　5．工事現場監督者の人件費

　　＜区分＞
　　A　プロダクト・コスト（工事原価）
　　B　ピリオド・コスト（期間原価）
　　C　非原価

問2　次の＜資料＞により，解答用紙の「工事別原価計算表」を完成しなさい。また，工事間接費配賦差異の月末残高を計算しなさい。なお，その残高が借方の場合は「A」，貸方の場合は「B」を，解答用紙の所定の欄に記入しなさい。

　　＜資料＞
　　1．当月は，繰越工事であるNo.501工事とNo.502工事，当月に着工したNo.601工事とNo.602工事を施工し，月末にはNo.501工事とNo.601工事が完成した。
　　2．前月から繰り越した工事原価に関する各勘定の前月繰越高は，次のとおりである。
　　　(1)　未成工事支出金

（単位：円）

工事番号	No.501	No.502
材 料 費	235,000	580,000
労 務 費	329,000	652,000
外 注 費	650,000	1,328,000
経 費	115,000	218,400

　　　(2)　工事間接費配賦差異　　　￥3,500（借方残高）
　　　　（注）　工事間接費配賦差異は月次においては繰り越すこととしている。

3．労務費に関するデータ

(1)　労務費計算は予定賃率を用いており，当会計期間の予定賃率は1時間当たり
　　¥2,100である。

(2)　当月の直接作業時間

　　　No.501　153時間　　　No.502　253時間

　　　No.601　374時間　　　No.602　192時間

4．当月の工事別直接原価額

（単位：円）

工事番号	No.501	No.502	No.601	No.602
材 料 費	258,000	427,000	544,000	175,000
労 務 費	（資料により各自計算）			
外 注 費	765,000	958,000	2,525,000	419,000
経　　　費	95,700	113,700	195,600	62,800

5．工事間接費の配賦方法と実際発生額

(1)　工事間接費については直接原価基準による予定配賦法を採用している。

(2)　当会計期間の直接原価の総発生見込額は¥56,300,000である。

(3)　当会計期間の工事間接費予算額は¥2,252,000である。

(4)　工事間接費の当月実際発生額は¥341,000である。

(5)　工事間接費はすべて経費である。

問1

記号 （A～C）	1	2	3	4	5

問2

工事別原価計算表

（単位：円）

摘　要	No. 501	No. 502	No. 601	No. 602	計
月初未成工事原価			──	──	
当月発生工事原価					
材　料　費					
労　務　費					
外　注　費					
直　接　経　費					
工　事　間　接　費					
当月完成工事原価		──		──	
月末未成工事原価	──		──		

工事間接費配賦差異月末残高　¥ ☐　　記号（AまたはB）☐

〔第5問〕　次の＜決算整理事項等＞に基づき，解答用紙の精算表を完成しなさい。なお，
　　　　　工事原価は未成工事支出金を経由して処理する方法によっている。会計期間は1
　　　　　年である。また，決算整理の過程で新たに生じる勘定科目で，精算表上に指定さ
　　　　　れている科目はそこに記入すること。　　　　　　　　　　　　　　　　（30点）

＜決算整理事項等＞

(1)　期末における現金の帳簿残高は￥19,800であるが，実際の手許有高は￥18,400で
　　あった。原因を調査したところ，本社において事務用文房具￥800を現金購入して
　　いたが未処理であることが判明した。それ以外の原因は不明である。

(2)　材料貯蔵品の期末実地棚卸により，棚卸減耗損￥1,000が発生していることが判
　　明した。棚卸減耗損については全額工事原価として処理する。

(3)　仮払金の期末残高は，以下の内容であることが判明した。

　　①　￥3,000は本社事務員の出張仮払金であった。精算の結果，実費との差額￥500
　　　が本社事務員より現金にて返金された。

　　②　￥25,000は法人税等の中間納付額である。

(4)　減価償却については，以下のとおりである。なお，当期中に固定資産の増減取引
　　はない。

　　①　機械装置（工事現場用）　　実際発生額￥56,000
　　　　なお，月次原価計算において，月額￥4,500を未成工事支出金に予定計上して
　　　いる。当期の予定計上額と実際発生額との差額は当期の工事原価に加減する。

　　②　備品（本社用）　　以下の事項により減価償却費を計上する。
　　　取得原価　￥90,000　　残存価額　ゼロ　　耐用年数　3年
　　　減価償却方法　定額法

(5)　有価証券（売買目的で所有）の期末時価は￥153,000である。

(6)　仮受金の期末残高は，以下の内容であることが判明した。

　　①　￥7,000は前期に完成した工事の未収代金回収分である。

　　②　￥21,000は当期末において着工前の工事に係る前受金である。

(7)　売上債権の期末残高に対して1.2％の貸倒引当金を計上する（差額補充法）。

(8)　完成工事高に対して0.2％の完成工事補償引当金を計上する（差額補充法）。

(9)　退職給付引当金の当期繰入額は本社事務員について￥2,800，現場作業員につい
　　て￥8,600である。

(10)　上記の各調整を行った後の未成工事支出金の次期繰越額は￥132,000である。

(11)　当期の法人税，住民税及び事業税として税引前当期純利益の30％を計上する。

精　算　表

（単位：円）

勘定科目	残高試算表		整理記入		損益計算書		貸借対照表	
	借　方	貸　方	借　方	貸　方	借　方	貸　方	借　方	貸　方
現　　　　　金	19,800							
当　座　預　金	214,500							
受　取　手　形	112,000							
完成工事未収入金	565,000							
貸　倒　引　当　金		7,800						
有　価　証　券	171,000							
未成工事支出金	213,500							
材　料　貯　蔵　品	2,800							
仮　　払　　金	28,000							
機　械　装　置	300,000							
機械装置減価償却累計額		162,000						
備　　　　　品	90,000							
備品減価償却累計額		30,000						
支　払　手　形		43,200						
工　事　未　払　金		102,500						
借　　入　　金		238,000						
未　　払　　金		124,000						
未成工事受入金		89,000						
仮　　受　　金		28,000						
完成工事補償引当金		24,100						
退職給付引当金		113,900						
資　　本　　金		100,000						
繰越利益剰余金		185,560						
完　成　工　事　高		12,300,000						
完　成　工　事　原　価	10,670,800							
販売費及び一般管理費	1,167,000							
受取利息配当金		23,400						
支　払　利　息	17,060							
	13,571,460	13,571,460						
事務用消耗品費								
旅　費　交　通　費								
雑　　損　　失								
備品減価償却費								
有価証券評価損								
貸倒引当金繰入額								
退職給付引当金繰入額								
未　払　法　人　税　等								
法人税, 住民税及び事業税								
当　期（　　　）								

第34回（令和5年度下期）検定試験

〔第1問〕　次の各取引について仕訳を示しなさい。使用する勘定科目は下記の＜勘定科目群＞から選び，その記号（A～X）と勘定科目を書くこと。なお，解答は次に掲げた（例）に対する解答例にならって記入しなさい。　　　　　　　　（20点）

（例）　現金￥100,000を当座預金に預け入れた。

(1)　当期に売買目的で所有していたA社株式12,000株（売却時の1株当たり帳簿価額￥500）のうち，3,000株を1株当たり￥520で売却し，代金は当座預金に預け入れた。

(2)　本社事務所の新築のため外注工事を契約し，契約代金￥20,000,000のうち￥5,000,000を前払いするため約束手形を振り出した。

(3)　前期の決算で，滞留していた完成工事未収入金￥1,600,000に対して50％の貸倒引当金を設定していたが，当期において全額貸倒れとなった。

(4)　株主総会の決議により資本準備金￥12,000,000を資本金に組み入れ，株式500株を交付した。

(5)　前期に着工したP工事は，工期4年，請負金額￥35,000,000，総工事原価見積額￥28,700,000であり，工事進行基準を適用している。当期において，資材高騰の影響等により，総工事原価見積額を￥2,000,000増額したことに伴い，同額の追加請負金を発注者より獲得することとなった。前期の工事原価発生額￥4,592,000，当期の工事原価発生額￥6,153,000であるとき，当期の完成工事高に関する仕訳を示しなさい。

＜勘定科目群＞

A　現　　　　　金	B　当　座　預　金	C　有　価　証　券
D　完成工事未収入金	E　受　取　手　形	F　前　払　費　用
G　建　設　仮　勘　定	H　建　　　　　物	J　貸　倒　引　当　金
K　未　　払　　金	L　営業外支払手形	M　資　　本　　金
N　資　本　準　備　金	Q　完　成　工　事　高	R　完　成　工　事　原　価
S　貸　倒　損　失	T　貸倒引当金繰入額	U　貸倒引当金戻入
W　有価証券売却益	X　有価証券売却損	

仕 訳　　記号（A～X）も必ず記入のこと

No.	借 方			貸 方		
	記号	勘 定 科 目	金 額	記号	勘 定 科 目	金 額
（例）	B	当 座 預 金	100,000	A	現　　　　金	100,000
(1)						
(2)						
(3)						
(4)						
(5)						

〔第2問〕　次の 　　　 に入る正しい金額を計算しなさい。　　　　　　　　　　（12点）

(1)　当月の賃金について，支給総額￥4,260,000から源泉所得税等￥538,000を控除し，現金にて支給した。前月賃金未払高が￥723,000で，当月賃金未払高が￥821,000であったとすれば，当月の労務費は￥ 　　　 である。

(2)　本店における支店勘定は期首に￥152,000の借方残高であった。期中に，本店から支店に備品￥85,000を発送し，支店から本店に￥85,000の送金があり，支店が負担すべき交際費￥15,000を本店が立替払いしたとすれば，本店の支店勘定は期末に￥ 　　　 の借方残高となる。

(3)　期末に当座預金勘定残高と銀行の当座預金残高の差異分析を行ったところ，次の事実が判明した。①銀行閉店後に現金￥10,000を預け入れたが，翌日の入金として取り扱われていた。②工事代金の未収分￥32,000の振込みがあったが，その通知が当社に届いていなかった。③銀行に取立依頼した小切手￥43,000の取立てが未完了であった。④通信代￥9,000が引き落とされていたが，その通知が当社に未達であった。このとき，当座預金勘定残高は，銀行の当座預金残高より￥ 　　　 多い。

(4)　A社を￥5,000,000で買収した。買収直前のA社の資産・負債の簿価は，材料￥800,000，建物￥2,200,000，土地￥500,000，工事未払金￥1,200,000，借入金￥1,800,000であり，土地については時価が￥1,200,000であった。この取引により発生したのれんについて，会計基準が定める最長期間で償却した場合の1年分の償却額は￥ 　　　 である。

(1)　￥ 　　　　　　

(2)　￥ 　　　　　　

(3)　￥ 　　　　　　

(4)　￥

〔第3問〕 次の＜資料＞に基づき，解答用紙に示す各勘定口座に適切な勘定科目あるいは金額を記入し，完成工事原価報告書を作成しなさい。なお，記入すべき勘定科目については，下記の＜勘定科目群＞から選び，その記号（A～G）で解答しなさい。 (14点)

＜資料＞

(単位：円)

	材料費	労務費	外注費	経費（うち，人件費）
工事原価期首残高	186,000	765,000	1,735,000	94,000 （9,000）
工事原価次期繰越額	292,000	831,000	2,326,000	111,000 （12,000）
当期の工事原価発生額	863,000	3,397,000	9,595,000	595,000 （68,000）

＜勘定科目群＞

A 完成工事高　　　　B 未成工事受入金　　　C 支払利息
D 未成工事支出金　　E 完成工事原価　　　　F 損　益
G 販売費及び一般管理費

未成工事支出金

前　期　繰　越					
材　　料　　費		次　期　繰　越			
労　　務　　費					
外　　注　　費					
経　　　　　費					

完成工事原価

完成工事高

□	17,500,000	完成工事未収入金	15,500,000
		□	
	17,500,000		17,500,000

販売費及び一般管理費

×	×	×	×	529,000	□

支 払 利 息

当　座　預　金		21,000	□

損　　　益

□	□	□	□
□	□		
□	□		
繰越利益剰余金	□		
	□		□

完成工事原価報告書
自　20×1年4月1日
至　20×2年3月31日　　　　　　　　（単位：円）

Ⅰ. 材　　料　　費	□
Ⅱ. 労　　務　　費	□
Ⅲ. 外　　注　　費	□
Ⅳ. 経　　　　　費	□
（うち人件費 □ ）	
完成工事原価	□

〔第4問〕 次の各問に解答しなさい。 (24点)

問1 当月に，次のような費用が発生した。No.101工事の工事原価に算入すべき項目については「A」，工事原価に算入すべきでない項目については「B」を解答用紙の所定の欄に記入しなさい。

　　1．No.101工事現場の安全管理講習会費用
　　2．No.101工事を管轄する支店の総務課員給与
　　3．本社営業部員との懇親会費用
　　4．No.101工事現場での資材盗難による損失
　　5．No.101工事の外注契約書印紙代

問2 次の＜資料＞に基づき，解答用紙の部門費振替表を完成しなさい。なお，配賦方法については，直接配賦法によること。

＜資料＞
　　1．補助部門費の配賦基準と配賦データ

補助部門	配賦基準	A工事	B工事	C工事
仮設部門	セット×日数	？	？	？
車両部門	運搬量	135t／km	？	115t／km
機械部門	馬力数×時間	10×40時間	12×50時間	？

　　2．各補助部門の原価発生額は次のとおりである。

（単位：円）

仮設部門	車両部門	機械部門
？	1,200,000	1,440,000

問1

記号 （AまたはB）	1	2	3	4	5

問2

部門費振替表

（単位：円）

摘　　　要	工事現場			補助部門		
	A 工 事	B 工 事	C 工 事	仮設部門	車両部門	機械部門
部 門 費 合 計	8,530,000	4,290,000	2,640,000			
仮 設 部 門 費	336,000	924,000	420,000			
車 両 部 門 費		600,000				
機 械 部 門 費			240,000			
補助部門費配賦額合計						
工 事 原 価						

〔第5問〕 次の＜決算整理事項等＞に基づき，解答用紙の精算表を完成しなさい。なお，工事原価は未成工事支出金を経由して処理する方法によっている。会計期間は1年である。また，決算整理の過程で新たに生じる勘定科目で，精算表上に指定されている科目はそこに記入すること。 (30点)

＜決算整理事項等＞

(1) 期末における現金帳簿残高は¥17,500であるが，実際の手元有高は¥10,500であった。調査の結果，不足額のうち¥5,500は郵便切手の購入代金の記帳漏れであった。それ以外の原因は不明である。

(2) 仮設材料費の把握はすくい出し方式を採用しているが，現場から撤去されて倉庫に戻された評価額¥1,500について未処理であった。

(3) 仮払金の期末残高は，次の内容であることが判明した。

① ¥5,000は過年度の完成工事に関する補修費であった。

② ¥23,000は法人税等の中間納付額である。

(4) 減価償却については，次のとおりである。なお，当期中の固定資産の増減取引は③のみである。

① 機械装置（工事現場用） 実際発生額¥60,000

なお，月次原価計算において，月額¥5,500を未成工事支出金に予定計上している。当期の予定計上額と実際発生額との差額は当期の工事原価（未成工事支出金）に加減する。

② 備品（本社用） 次の事項により減価償却費を計上する。

取得原価 ¥45,000 残存価額 ゼロ 耐用年数 3年

減価償却方法 定額法

③ 建設仮勘定 適切な科目に振り替えた上で，次の事項により減価償却費を計上する。

当期首に完成した本社事務所（取得原価 ¥36,000 残存価額 ゼロ

耐用年数 24年 減価償却方法 定額法）

(5) 仮受金の期末残高は，次の内容であることが判明した。

① ¥9,000は前期に完成した工事の未収代金回収分である。

② ¥16,000は当期末において未着手の工事に係る前受金である。

(6) 売上債権の期末残高に対して1.2%の貸倒引当金を計上する（差額補充法）。

(7) 完成工事高に対して0.2%の完成工事補償引当金を計上する（差額補充法）。

(8) 退職給付引当金の当期繰入額は，本社事務員について¥3,200，現場作業員について¥8,400である。

(9) 上記の各調整を行った後の未成工事支出金の次期繰越額は¥102,100である。

(10) 当期の法人税，住民税及び事業税として，税引前当期純利益の30%を計上する。

精　算　表

（単位：円）

勘定科目	残高試算表		整理記入		損益計算書		貸借対照表	
	借　方	貸　方	借　方	貸　方	借　方	貸　方	借　方	貸　方
現　　　　　金	17,500							
当　座　預　金	283,000							
受　取　手　形	54,000							
完成工事未収入金	497,500							
貸　倒　引　当　金		6,800						
未成工事支出金	212,000							
材　料　貯　蔵　品	2,800							
仮　　払　　金	28,000							
機　械　装　置	500,000							
機械装置減価償却累計額		122,000						
備　　　　　品	45,000							
備品減価償却累計額		15,000						
建　設　仮　勘　定	36,000							
支　払　手　形		72,200						
工　事　未　払　金		122,500						
借　　入　　金		318,000						
未　　払　　金		129,000						
未成工事受入金		65,000						
仮　　受　　金		25,000						
完成工事補償引当金		33,800						
退職給付引当金		182,600						
資　　本　　金		100,000						
繰越利益剰余金		156,090						
完　成　工　事　高		15,200,000						
完　成　工　事　原　価	13,429,000							
販売費及び一般管理費	1,449,000							
受取利息配当金		25,410						
支　払　利　息	19,600							
	16,573,400	16,573,400						
通　　信　　費								
雑　　損　　失								
備品減価償却費								
建　　　　　物								
建物減価償却費								
建物減価償却累計額								
貸倒引当金戻入								
退職給付引当金繰入額								
未　払　法　人　税　等								
法人税, 住民税及び事業税								
当　期　（　　　　）								

解答・解説編

第25回（平成30年度下期）検定試験

第1問

【解　答】

No.	借　方			貸　方		
	記号	勘定科目	金額	記号	勘定科目	金額
（例）	B	当座預金	100,000	A	現金	100,000
(1)	H	建設仮勘定	5,800,000	D	未成工事支出金	5,800,000
(2)	K	工事未払金	2,350,000	B U	当座預金 仕入割引	2,342,400 7,600
(3)	D	未成工事支出金	935,000	W A	預り金 現金	58,000 877,000
(4)	C N	完成工事未収入金 完成工事原価	60,000,000 54,000,000	Y D	完成工事高 未成工事支出金	60,000,000 54,000,000
(5)	B M	当座預金 手形売却損	397,200 2,800	L	割引手形	400,000

【解　説】

1．自社倉庫建設用の発生原価を未成工事支出金勘定で処理しており，建設中であることから建設仮勘定へ振り替える。
2．工事未払金を本来の支出期日より早く支払ったことによる控除額は，収益として仕入割引勘定を計上する。
3．給料から控除される源泉所得税などは，預り金勘定を計上する。
4．完成工事高は，下記の方法で計算することができる。

完成工事高：$75,000,000円 \times \dfrac{10,500,000円 + 43,500,000円}{67,500,000円} = 60,000,000円$

5．遡求義務とは，手形の不渡が発生する可能性があるため偶発債務を計上するもので，このために評価勘定として貸方に割引手形を計上することになる。

第2問

【解　答】

(1) ¥ 25,000

(2) ¥ 61,000

(3) ¥ 332,000

(4) ¥ 371,700

【解　説】

1．のれん償却額

(1) のれん勘定：5,000,000円－(7,250,000円－2,750,000円)＝500,000円

(2) のれん償却額：500,000円÷20年＝25,000円

2．材料評価損

(1) 材料減耗損：40kg×1,300円＝52,000円

(2) 材料評価損：(650kg－40kg)×(@1,300円－@1,200円)＝61,000円

3．当座預金残高

x－283,000円＝y＋158,000円－96,000円－13,000円

x－y＝158,000円＋283,000円－96,000円－13,000円

x－y＝332,000円

4．利息収入額

受取利息

期首未収分	82,000	当期収入額	? ----> 371,700円
損益計算書	385,000	期末未収分	95,300
	467,000		467,000

第3問

【解　答】

問1

記号 （A〜C）	1	2	3
	C	B	A

問2

工 事 原 価 明 細 表

平成30年12月　　　　　　　　　（単位：円）

	当月発生工事原価	当月完成工事原価
Ⅰ．材　料　費	748,000	765,000
Ⅱ．労　務　費	872,000	895,000
Ⅲ．外　注　費	2,343,000	2,299,000
Ⅳ．経　　　費	316,500	312,500
（うち人件費）	（116,700）	（119,700）
工　事　原　価	4,279,500	4,271,500

【解　説】

問1

1．工事機械購入のための借入金利息は，金融費用であり，原価とはならない。

2．落札できなかった工事設計料も，会計期間における間接的な原価と考えることができる。

3．工事現場の管理者給料は，工事原価を構成する。

問2

1　材料費の内訳

　　　　　　　　　　　　当月支払高　月初未払分　月末未払分
(1)　当月発生工事原価：766,000円 − 236,000円 + 218,000円 ＝748,000円

　　　　　　　　　　　　月初未成工事　当月発生分　月末未成工事
(2)　当月完成工事原価：252,000円 ＋ 748,000円 − 235,000円 ＝765,000円

2　労務費の内訳

　　　　　　　　　　　　当月支払高　　月初未払分　月末未払分
(1)　当月発生工事原価：865,000円 − 89,000円 + 96,000円 ＝872,000円

　　　　　　　　　　　　月初未成工事　当月発生分　月末未成工事
(2)　当月完成工事原価：165,000円 ＋ 872,000円 − 142,000円 ＝895,000円

3 外注費の内訳

(1) 当月発生工事原価：
当月支払高 月初未払分 月末未払分
2,385,000円 − 289,000円 + 247,000円 = 2,343,000円

(2) 当月完成工事原価：
月初未成工事 当月発生分 月末未成工事
538,000円 + 2,343,000円 − 582,000円 = 2,299,000円

4 経費の内訳

(1) 当月工事関連費用：
水道光熱費 地代家賃 保険料 従業員給料 法定福利費
68,000円 + 49,000円 + 6,000円 + 114,000円 + 3,800円

事務用品費 通信交通費 交際費
+ 6,200円 + 22,600円 + 53,000円 = 322,600円

(2) 月初未払金：
水道光熱費 従業員給料 法定福利費
7,500円 + 16,000円 + 600円 = 24,100円

(3) 月末未払金：
水道光熱費 従業員給料 法定福利費
8,000円 + 15,000円 + 500円 = 23,500円

(4) 月初前払分：
保険料 地代家賃
8,000円 + 17,000円 = 25,000円

(5) 月末前払分：
保険料 地代家賃
12,500円 + 18,000円 = 30,500円

(6) 当月発生原価：(1) − (2) + (3) + (4) − (5) = 316,500円

(7) 当月完成工事原価：
月初未成工事 月末未成工事
158,000円 + (6) − 162,000円 = 312,500円

5 人件費の内訳

(1) 当月発生原価：
従業員給料 法定福利費 月末給料，法定福利費
114,000円 + 3,800円 + (15,000円 + 500円)

月初給料，法定福利費
− (16,000円 + 600円) = 116,700円

(2) 当月完成工事原価：
月初未成工事 当月発生分 月末未成工事
18,000円 + 116,700円 − 15,000円 = 119,700円

第4問

【解　答】

部門費振替表

（単位：円）

摘　要	合　計	第1工事部	第2工事部	第3工事部	(材料管理部門)	(運搬部門)
部門費合計		785,900	682,400	937,600	99,000	186,000
(運搬部門費)	(186,000)	55,800	65,100	46,500	18,600	
(材料管理部門費)	(117,600)	34,800	50,400	32,400		
合　計		876,500	797,900	1,016,500		

【解　説】

1．運搬部門

$$186,000円 \times \begin{cases} \dfrac{30\%}{30\%+35\%+25\%+10\%} = 55,800円 \cdots\cdots 第1工事部 \\[2mm] \dfrac{35\%}{30\%+35\%+25\%+10\%} = 65,100円 \cdots\cdots 第2工事部 \\[2mm] \dfrac{25\%}{30\%+35\%+25\%+10\%} = 46,500円 \cdots\cdots 第3工事部 \\[2mm] \dfrac{10\%}{30\%+35\%+25\%+10\%} = 18,600円 \cdots\cdots 材料管理部門 \end{cases}$$

2．材料管理部門

$$\underset{(99,000円+18,600円)}{\overset{上記配賦額}{}} \times \begin{cases} \dfrac{29\%}{29\%+42\%+27\%} = 34,800円 \cdots\cdots 第1工事部 \\[2mm] \dfrac{42\%}{29\%+42\%+27\%} = 50,400円 \cdots\cdots 第2工事部 \\[2mm] \dfrac{27\%}{29\%+42\%+27\%} = 32,400円 \cdots\cdots 第3工事部 \end{cases}$$

第5問

【解　答】

精　算　表

(単位：円)

勘定科目	残高試算表 借方	残高試算表 貸方	整理記入 借方	整理記入 貸方	損益計算書 借方	損益計算書 貸方	貸借対照表 借方	貸借対照表 貸方
現　　　　金	4,300						4,300	
当 座 預 金	82,500						82,500	
受 取 手 形	874,000						874,000	
完成工事未収入金	1,286,000						1,286,000	
貸 倒 引 当 金		39,200		⑤ 4,000				43,200
有 価 証 券	75,000			① 15,000 / ① 32,000			28,000	
未成工事支出金	783,000		③ 2,000 / ⑦ 5,000 / ⑧ 2,900	⑥ 2,000 / ⑩ 1,600			789,300	
材 料 貯 蔵 品	45,800						45,800	
仮 　 払 　 金	91,200			② 4,200 / ⑪ 87,000				
前 払 費 用	2,000		⑨ 12,000				14,000	
機 械 装 置	420,000						420,000	
機械装置減価償却累計額		286,000		③ 2,000				288,000
備　　　　品	50,000						50,000	
備品減価償却累計額		32,000		③ 7,200				39,200
投 資 有 価 証 券	22,000		① 15,000				37,000	
支 払 手 形		706,200						706,200
工 事 未 払 金		627,000		⑦ 5,000				632,000
借 　 入 　 金		356,000						356,000
未成工事受入金		236,000						236,000
仮 　 受 　 金		52,000	④ 52,000					
完成工事補償引当金		7,600	② 4,200	⑧ 2,900				6,300
退職給付引当金		487,000	⑥ 2,000	⑥ 24,000				509,000
資 　 本 　 金		500,000						500,000
繰越利益剰余金		120,000						120,000
完 成 工 事 高		3,150,000				3,150,000		
完 成 工 事 原 価	2,746,000		⑩ 1,600		2,747,600			
販売費及び一般管理費	116,000		③ 7,200 / ⑥ 24,000	⑨ 32,000	115,200			
受取利息配当金		5,200				5,200		
支 払 利 息	6,400				6,400			
	6,604,200	6,604,200						
長 期 前 払 費 用			⑨ 20,000				20,000	
償却債権取立益				④ 52,000		52,000		
貸倒引当金繰入額			⑤ 4,000		4,000			
子 会 社 株 式			① 32,000				32,000	
未 払 法 人 税 等				⑪ 46,600				46,600
法人税,住民税及び事業税			⑪ 133,600		133,600			
			317,500	317,500	3,006,800	3,207,200	3,682,900	3,482,500
当期（純利益）					200,400			200,400
					3,207,200	3,207,200	3,682,900	3,682,900

【解　説】

整理記入欄で行われている決算整理仕訳を示せば，次の通りである。

1．有価証券勘定の振替（整理記入①）

（借）投資有価証券	15,000	（貸）有価証券	47,000
子会社株式	32,000		

2．仮払金の精算（整理記入②）

(1) 補修工事支出

（借）完成工事補償 引当金	4,200	（貸）仮払金	4,200

(2) 法人税等の中間納付

仮払金の残額87,000円（＝91,200円−4,200円）は，後述する「11．未払法人税等の計上」時に整理するので，そちらを参照のこと。

3．減価償却費の計上（整理記入③）

(1) 機械装置

（借）未成工事支出金	2,000	（貸）機械装置 減価償却累計額	2,000

※　内訳

年間計上額：@7,000円×12か月＝84,000円

実際発生額：86,000円

不足額：86,000円−84,000円＝2,000円

(2) 備品

（借）販売費及び 一般管理費	7,200	（貸）備品 減価償却累計額	7,200

※　内訳：(50,000円−32,000円)×0.4＝7,200円

4．償却済債権の取立（整理記入④）

（借）仮受金	52,000	（貸）償却債権取立益	52,000

5．貸倒引当金の設定（整理記入⑤）

（借）貸倒引当金繰入額	4,000	（貸）貸倒引当金	4,000

※　内訳：(874,000円＋1,286,000円)×2％−39,200円＝4,000円

6．退職給付引当金の計上（整理記入⑥）

(1) 本社事務員分

（借）販売費及び 一般管理費	24,000	（貸）退職給付引当金	24,000

(2) 現場作業員分

（借）退職給付引当金	2,000	（貸）未成工事支出金	2,000

※　内訳：@4,500円×12か月−52,000円＝2,000円

7．未払賃金の計上（整理記入⑦）

（借）未成工事支出金	5,000	（貸）工事未払金	5,000

8. 完成工事補償引当金の計上（整理記入⑧）

（借）未成工事支出金　　　2,900　　　（貸）完成工事補償引当金　　　2,900

※　内訳：3,150,000円×0.2%－(7,600円－4,200円)＝2,900円

9. 前払保険料の整理（整理記入⑨）

（借）前 払 費 用　　　12,000　　　（貸）販 売 費 及 び 一 般 管 理 費　　　32,000

　　　長 期 前 払 費 用　　　20,000

※　内訳

当 期 分 費 用：$36,000円 × \dfrac{4か月}{36か月} = 4,000円$

前 払 費 用：$(36,000円 - 4,000円) × \dfrac{12か月}{36か月 - 4か月} = 12,000円$

長期前払費用：36,000円－4,000円－12,000円＝20,000円

10. 完成工事原価の調整（整理記入⑩）

（借）完 成 工 事 原 価　　　1,600　　　（貸）未 成 工 事 支 出 金　　　1,600

未成工事支出金

残 高 試 算 表	783,000	⑥退職給付引当金	2,000
機 械 装 置 ③減価償却累計額	2,000	⑩完 成 工 事 原 価	1,600
⑦工 事 未 払 金	5,000	次 期 繰 越	789,300
⑧完成工事補償引当金	2,900		
	792,900		792,900

11. 未払法人税等の計上（整理記入⑪）

（借）法人税, 住民税 及 び 事 業 税　　　133,600　　　（貸）仮 払 金　　　87,000

　　　　　　　　　　　　　　　　　　　　　　　未 払 法 人 税 等　　　46,600

※　内訳：{(3,150,000円＋5,200円＋52,000円)－(2,747,600円＋115,200円
　　　＋6,400円＋4,000円)}×40%＝133,600円

第26回(令和元年度上期)検定試験

【解答】

No.	借方 記号	勘定科目	金額	貸方 記号	勘定科目	金額
(例)	B	当座預金	100,000	A	現金	100,000
(1)	W	有価証券評価損	657,000	F	有価証券	657,000
(2)	H	機械装置	5,940,000	T B	営業外支払手形 当座預金	5,800,000 140,000
(3)	D	材料貯蔵品	360,000	G	未成工事支出金	360,000
(4)	B M	当座預金 貸倒引当金	400,000 200,000	E	完成工事未収入金	600,000
(5)	N	別段預金	5,500,000	R	新株式申込証拠金	5,500,000

【解説】

1. 有価証券評価損は，次のように計算される。

   (1) 取得原価：$\dfrac{@1,100円 \times 3,000株 + 57,000円}{3,000株} = @1,119円$

   (2) 有価証券評価損：$(@1,119円 - @900円) \times 3,000株 = 657,000円$

2. 固定資産購入のために振り出した約束手形は，営業外支払手形勘定を計上する。

3. 倉庫に返却された仮設材料は，未成工事支出金から材料貯蔵品勘定へ振り戻すことになる。

4. 前期末に300,000円（＝600,000円×50%）の貸倒引当金が設定されているので，このうちの200,000円を借方で相殺する。

5. 新株発行に関する支払は，払込期日までは解答に示した処理が行われる。

第2問

【解　答】

(1) ¥ 　　　　3,360

(2) ¥ 　　9,690,000

(3) ¥ 　　　153,800

(4) ¥ 　　　　2,000

【解　説】

1．期末内部利益控除額

$$(82,400円＋32,960円) \times \frac{3\%}{100\%＋3\%} ＝3,360円$$

2．当期完成工事高

(1) 前期計上分：$17,000,000円 \times \dfrac{2,601,000円}{14,450,000円} ＝3,060,000円$

(2) 当期計上額：$17,000,000円 \times \dfrac{2,601,000円＋8,746,500円}{15,130,000円} －3,060,000円$

$$＝9,690,000円$$

3．仮受消費税額

（決算整理仕訳）

(借) 仮 受 消 費 税　153,800　　　(貸) 仮 払 消 費 税　125,300

未 払 消 費 税　 28,500

4．利益準備金繰入額

(1) 積立必要額：$100,000円 \times \dfrac{1}{4} －(15,000円＋8,000円)＝2,000円$

(2) 配当基準額：$25,000円 \times \dfrac{1}{10} ＝2,500円$

(3) 要積立額：(1) ＜ (2) ∴ 2,000円

第3問

【解　答】

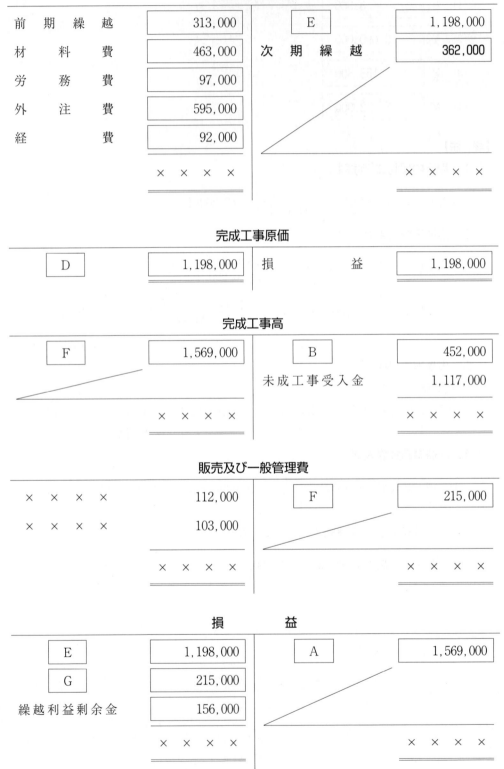

未成工事支出金

前 期 繰 越	313,000	E	1,198,000
材 料 費	463,000	次 期 繰 越	362,000
労 務 費	97,000		
外 注 費	595,000		
経 費	92,000		
	× × × ×		× × × ×

完成工事原価

D	1,198,000	損 益	1,198,000

完成工事高

F	1,569,000	B	452,000
		未 成 工 事 受 入 金	1,117,000
	× × × ×		× × × ×

販売及び一般管理費

× × × ×	112,000	F	215,000
× × × ×	103,000		
	× × × ×		× × × ×

損　益

E	1,198,000	A	1,569,000
G	215,000		
繰 越 利 益 剰 余 金	156,000		
	× × × ×		× × × ×

【解　説】

1．未成工事支出金勘定

(1)　前期繰越……工事原価期首残高の合計

92,000円＋47,000円＋137,000円＋37,000円＝313,000円

(2)　材料費その他

表中最下段の「当期の工事原価発生額」を転記する。

(3)　次期繰越

表中の中段「工事原価次期繰越額」の合計額を転記する。

112,000円＋62,000円＋145,000円＋43,000円＝362,000円

(4)　貸方 E の金額……当期の完成工事原価

上記(1)～(3)の貸借差額により1,198,000円

2．完成工事原価勘定

(1)　借方 D の金額

未成工事支出金勘定の貸方 E と同額の1,198,000円

(2)　貸方の損益

上記と同額の1,198,000円

3．完成工事高勘定

(1)　貸方 B の金額

当期分の完成工事については，下記の処理が行われる。

（借）完成工事未収入金　　452,000　　　（貸）完 成 工 事 高　　452,000… B

（借）未成工事受入金　1,117,000　　　（貸）完 成 工 事 高　1,117,000

(2)　借方 F の金額

貸方の B 452,000円と未成工事受入金1,117,000円の合計1,569,000円

4．販売費及び一般管理費勘定

貸方 F の金額は，借方の112,000円と103,000円の合計215,000円

5．損　益　勘　定

(1)　借　方

E 　完成工事原価の貸方の損益：1,198,000円

G 　販売費及び一般管理費の貸方 F ：215,000円

繰越利益剰余金　　貸借の差額：156,000円

(2)　貸　方

A 　完成工事高の借方 F ：1,569,000円

第4問

【解 答】

問1

記号 （AまたはB）	1	2	3	4
	B	A	B	A

問2

完成工事原価報告書
2018年12月　　　　（単位：円）

Ⅰ．材　料　費	579,000
Ⅱ．労　務　費	818,000
Ⅲ．外　注　費	1,627,000
Ⅳ．経　　　費	478,650
完成工事原価	3,502,650

工事間接費配賦差異月末残高　¥ 700　　記号（AまたはB）A

【解 説】

問1

1．外注可否の判断のための原価計算は，原価計算ではなく，原価調査になる。

2．工事別の管理者人件費の配賦は，労務に係る原価計算である。

3．固定資産買替の経済計算は，原価調査になる。

4．期末の総工事原価の算定は，原価計算になる。

問2

1．当月材料費の計算

(1)　No.1001：@100円×100kg＝10,000円

(2)　No.1101：@100円×1,200kg＝120,000円

(3)　No.1201：@115円※×1,000kg＝115,000円

$$※ \quad \frac{@100円×500kg＋@120円×1,500kg}{500kg＋1,500kg}＝@115円$$

(4)　No.1202：@112円※×1,000kg＝112,000円

$$※ \quad \frac{@115円×1,000kg＋@110円×1,500kg}{1,000kg＋1,500kg}＝@112円$$

２．部門費の戸定配賦

(1)　A 部 門 費

No.1001：　10,000円 × 5 ％ =　 500円
No.1101：120,000円 × 5 ％ = 6,000円
No.1201：115,000円 × 5 ％ = 5,750円 〉17,850円
No.1202：112,000円 × 5 ％ = 5,600円

(2)　B 部 門 費

No.1001：@1,800円 × 12時間 = 21,600円
No.1101：@1,800円 × 24時間 = 43,200円
No.1201：@1,800円 × 42時間 = 75,600円 〉169,200円
No.1202：@1,800円 × 16時間 = 28,800円

(3)　配 賦 差 異

A部門費		
実際　　16,950	予定　　17,850	
差異　　　 900		

B部門費		
実際　　172,200	予定　　169,200	
	差異　　 3,000	

工事間接費配賦差異

当月繰越（A 部 門）　3,600	前月繰越（B 部 門）　5,000
当月振替（B 部 門）　3,000	当月振替（A 部 門）　　900
	次月繰越（借方差異）　　700

３．工事別原価計算表

工事別原価計算表

（単位：円）

内　　訳	1001	1101	1201	1202	計
当 月 繰 越	1,300,000	749,000	－	－	2,049,000
材　料　費	10,000	120,000	115,000	112,000	357,000
労　務　費	52,000	115,000	186,000	62,000	415,000
外　注　費	92,000	134,000	325,000	108,000	659,000
直 接 経 費	31,000	56,000	65,000	28,000	180,000
A 部 門 費	500	6,000	5,750	5,600	17,850
B 部 門 費	21,600	43,200	75,600	28,800	169,200
合　　計	1,507,100	1,223,200	772,350	344,400	3,847,050
	（完成）	（完成）	（完成）	（未完成）	

4．完成工事原価報告書の内訳

（単位：円）

内　訳	月初未成工事		当　月 投入原価	月末未成工事 1202	完　成 工事原価
	1001	1101			
材　料　費	216,000	118,000	357,000	112,000	579,000
労　務　費	294,000	171,000	415,000	62,000	818,000
外　注　費	680,000	396,000	659,000	108,000	1,627,000
直　接　経　費	110,000	64,000	180,000	28,000	478,650
Ａ　部　門　費			17,850	5,600	
Ｂ　部　門　費			169,200	28,800	
合　　計	1,300,000	749,000	1,798,050	344,400	3,502,650

第5問
【解答】

精算表

(単位:円)

勘定科目	残高試算表 借方	残高試算表 貸方	整理記入 借方	整理記入 貸方	損益計算書 借方	損益計算書 貸方	貸借対照表 借方	貸借対照表 貸方
現　　　　　金	7,800			① 1,400			6,400	
当 座 預 金	93,000						93,000	
受 取 手 形	826,000						826,000	
完成工事未収入金	1,141,000			⑤ 57,000			1,084,000	
貸 倒 引 当 金		42,000	⑥ 3,800					38,200
未成工事支出金	972,200		② 800 ⑦ 1,800	④ 4,400 ⑨ 2,500			967,900	
材 料 貯 蔵 品	64,000			② 800			63,200	
仮 　払　 金	61,000			③ 9,000 ⑩ 52,000				
機 械 装 置	450,000						450,000	
機械装置減価償却累計額		265,000	④ 4,400					260,600
備　　　　　品	75,000						75,000	
備品減価償却累計額		45,000		④ 15,000				60,000
支 払 手 形		955,000						955,000
工 事 未 払 金		71,400						71,400
借 　入　 金		270,000						270,000
未 　払　 金		23,000		⑧ 6,000				29,000
未成工事受入金		185,000						185,000
仮 　受　 金		57,000	⑤ 57,000					
完成工事補償引当金		6,500		⑦ 1,800				8,300
退職給付引当金		540,000						540,000
資 　本　 金		800,000						800,000
繰越利益剰余金		100,000						100,000
完 成 工 事 高		4,150,000				4,150,000		
完 成 工 事 原 価	3,626,000		⑨ 2,500		3,628,500			
販売費及び一般管理費	174,100		① 1,200 ④ 15,000 ⑧ 6,000		196,300			
受取利息配当金		7,100				7,100		
支 払 利 息	26,900		③ 6,000		32,900			
	7,517,000	7,517,000						
前 払 費 用			③ 3,000				3,000	
貸倒引当金戻入				⑥ 3,800		3,800		
雑 　損　 失			① 200		200			
未 払 法 人 税 等				⑩ 69,200				69,200
法人税,住民税及び事業税			⑩ 121,200		121,200			
			222,900	222,900	3,979,100	4,160,900	3,568,500	3,386,700
当期(純利益)					**181,800**			181,800
					4,160,900	4,160,900	3,568,500	3,568,500

【解　説】

整理記入欄で行われている決算整理仕訳を示せば，次の通りである。

1．現金過不足（整理記入①）

（借）販 売 費 及 び
　　　一 般 管 理 費　　　1,200　　　（貸）現　　　　　金　　　1,400
　　　雑　　損　　失　　　　　200

2．材料減耗損（整理記入②）

（借）未 成 工 事 支 出 金　　　800　　　（貸）材 料 貯 蔵 品　　　800

3．仮払金の精算（整理記入③）

⑴　支払利息等への振替

（借）支 払 利 息　　　6,000　　　（貸）仮　　払　　金　　　9,000
　　　前 払 利 息　　　3,000

⑵　法人税等の中間納付

仮払金の残額52,000円（＝61,000円－9,000円）は，後述する「10．未払法人税等の計上」時に整理するので，そちらを参照のこと。

4．減価償却費の計上（整理記入④）

⑴　機 械 装 置

（借）機 械 装 置
　　　減価償却累計額　　　4,400　　　（貸）未 成 工 事 支 出 金　　　4,400

　　　※　内訳

　　　　　年間計上額：＠7,200円×12か月＝86,400円

　　　　　実際発生額：82,000円

　　　　　超　過　額：86,400円－82,000円＝4,400円

⑵　備　　品

（借）販 売 費 及 び
　　　一 般 管 理 費　　　15,000　　　（貸）備　　　　品
　　　　　　　　　　　　　　　　　　　　　　減価償却累計額　　　15,000

　　　※　内訳：75,000円÷5年＝15,000円

5．仮受金の整理（整理記入⑤）

（借）仮　受　金　　　57,000　　　（貸）完成工事未収入金　　　57,000

6．貸倒引当金の調整（整理記入⑥）

（借）貸 倒 引 当 金　　　3,800　　　（貸）貸倒引当金戻入　　　3,800

　　　※　内訳：（826,000円＋1,141,000円－57,000円）×2％－42,000円＝△3,800円

7．完成工事補償引当金の計上（整理記入⑦）

（借）未 成 工 事 支 出 金　　　1,800　　　（貸）完 成 工 事 補 償
　　　　　　　　　　　　　　　　　　　　　　引　当　金　　　1,800

　　　※　内訳：4,150,000円×0.2％－6,500円＝1,800円

8．未払金の計上（整理記入⑧）

（借）販売費及び　　6,000　　（貸）未　払　金　　6,000
　　　一般管理費

9．完成工事原価の調整（整理記入⑨）

（借）完成工事原価　　2,500　　（貸）未成工事支出金　　2,500

未成工事支出金

残 高 試 算 表	972,200	④機 械 装 置 減価償却累計額	4,400
②材 料 貯 蔵 品	800	⑨完 成 工 事 原 価	2,500
⑦完 成 工 事 補 償 　引 当 金	1,800	次 期 繰 越	**967,900**
	974,800		974,800

10．未払法人税等の計上（整理記入⑩）

（借）法人税, 住民税　　121,200　　（貸）仮　払　金　　52,000
　　　及 び 事 業 税　　　　　　　　　　　未払法人税等　　69,200

※　内訳：｛(4,150,000円＋7,100円＋3,800円)－(3,628,500円＋196,300円
　　　　＋32,900円＋200円)｝×40％＝121,200

第27回(令和2年度上期)検定試験

第1問

【解答】

No.	借 方			貸 方		
	記号	勘 定 科 目	金 額	記号	勘 定 科 目	金 額
(例)	B	当 座 預 金	100,000	A	現 金	100,000
(1)	X	投資有価証券評価損	180,000	F	投 資 有 価 証 券	180,000
(2)	Q	繰越利益剰余金	4,000,000	J	未 払 配 当 金	2,000,000
				M	利 益 準 備 金	200,000
				N	別 途 積 立 金	1,800,000
(3)	S	修 繕 費	500,000	E	建 物	500,000
(4)	K	貸 倒 引 当 金	30,000	D	完成工事未収入金	1,500,000
	T	貸 倒 損 失	1,470,000			
(5)	G	工 事 未 払 金	3,000,000	A	現 金	2,985,000
				U	仕 入 割 引	15,000

【解説】

1. 投資有価証券評価損は，次のように計算される。
   投資有価証券評価損：(@300円－@120円)×1,000株＝180,000円
2. 利益処分は，借方を繰越利益剰余金として処理する。
3. 建物の現状回復の支出は修繕費であるため，誤って計上した建物勘定から振り替える処理を行う。
4. 貸倒引当金を超える完成工事未収入金の回収不能額は，貸倒損失を計上することになる。
5. 掛代金である工事未払金の早期決済による控除額は，営業外収益である仕入割引を計上する。

第2問

【解　答】

(1)　¥ | 100,000 |

(2)　¥ | 300,000 |

(3)　¥ | 180,000 |

(4)　¥ | 7,500,000 |

【解　説】

1．損益計算書上の支払利息

支払利息

当 期 支 払 額	120,000	期 首 未 払 利 息	80,000
期 末 未 払 額	60,000	損 益 計 算 書	(100,000)

2．固定資産売却損

期首帳簿価額：$3,600,000円 - 3,600,000円 \times \dfrac{7年}{9年} = 800,000円$

固定資産売却損：$800,000円 - 500,000円 = 300,000円$

3．名古屋支店勘定

(1)　減価償却費の計上……本店側の処理

（借）減 価 償 却 費　　20,000　　　（貸）減価償却累計額　　20,000

(2)　名古屋支店への振替……本店側の処理

（借）名 古 屋 支 店　　20,000　　　（貸）減 価 償 却 費　　20,000

（本店側）　　　　　　　**名古屋支店**

借 方 残 高	160,000	} 180,000
減 価 償 却 費	20,000	

4．当期完成工事高

前期計上分：$50,000,000円 \times \dfrac{4,000,000円}{40,000,000円} = 5,000,000円$

当期計上額：$50,000,000円 \times \dfrac{4,000,000円 + 6,500,000円}{42,000,000円} - 5,000,000円$

$$= 7,500,000円$$

第3問

【解　答】

問1　（A）¥ | 30,000

（B）¥ | 26,000

（C）¥ | 65,000

（D）¥ | 88,800

問2　¥ | 182,000

【解　説】

問1　移動平均法

（A）　@100円×300㎥＝30,000円

（B）　$\dfrac{@100円×300㎥＋@140円×900㎥}{300㎥＋900㎥}$（＝@130円／㎥）×200㎥＝26,000円

（C）　上記の単位@130円／㎥×500㎥＝65,000円

（D）　$\dfrac{@130円×500㎥＋@160円×750㎥}{500㎥＋750㎥}$（＝@148円／㎥）×600㎥＝88,800円

問2　先入先出法

材　料　元　帳

材料M　　　　　　　　　　　20×1年3月　　　　　　　（数量：㎥, 単価及び金額：円）

月日		摘　　　要	受　　入			払　　出			残　　高		
			数量	単価	金額	数量	単価	金額	数量	単価	金額
3	1	前 月 繰 越	600	100	60,000				600	100	60,000
	2	払出（X工事）				300	100	(A) 30,000	300	100	30,000
	5	受入（A商事）	900	140	126,000				{300 / 900	100 / 140	30,000 / 126,000
	12	払出（Y工事）				200	100	(B) 20,000	{100 / 900	100 / 140	10,000 / 126,000
	17	払出（X工事）				{100 / 400	100 / 140	(C) {10,000 / 56,000	500	140	70,000
	23	受入（B商事）	750	160	120,000				{500 / 750	140 / 160	70,000 / 120,000
	30	払出（X工事）				{500 / 100	140 / 160	(D) {70,000 / 16,000	650	160	104,000

X工事：3/2：30,000円＋3/17：66,000円＋3/30：86,000円＝182,000円

第4問

【解　答】

問1

記号 （A～C）	1	2	3	4
	A	B	C	A

問2

部　門　費　振　替　表

（単位：円）

摘　要	合　計	第1工事部	第2工事部	第3工事部	機械部門	仮設部門	材料管理部門
部門費合計	5,613,000	2,500,000	1,750,000	1,250,000	50,000	28,000	35,000
機械部門費	50,000	30,000	12,500	7,500	――	――	――
仮設部門費	28,000	14,000	9,800	4,200	――	――	――
材料管理部門費	35,000	14,000	14,000	7,000	――	――	――
合　計	5,613,000	2,558,000	1,786,300	1,268,700	0	0	0

【解　説】

問1

1．工事のための外注費は，工事原価であり，プロダクト・コストになる。

2．本社職員の給料は，通常発生する営業活動の費用であり，ピリオド・コストになる。

3．社債発行償却は，資金調達に関する特殊なものであり，非原価として取り扱われる。

4．仮設材料費は，工事原価であり，プロダクト・コストになる。

問2

1．機械部門

第1工事部：50,000円×60％＝30,000円

第2工事部：50,000円×25％＝12,500円

第3工事部：50,000円×15％＝ 7,500円

2．仮設部門

第1工事部：14,000円

　　　　　　仮設部門　　第1工事部　　第3工事部
第2工事部：28,000円－14,000円－4,200円＝9,800円

　　　　　　集計合計　　　　配賦額　　機械部門　材料管理部門
第3工事部：1,268,700円－1,250,000円－7,500円－7,000円＝4,200円

3．機械管理部門

第1工事部：35,000円×40％＝14,000円

第2工事部：35,000円×40％＝14,000円

第3工事部：35,000円×20％＝ 7,000円

第5問

【解 答】

精 算 表

（単位：円）

勘定科目	残高試算表 借方	残高試算表 貸方	整理記入 借方	整理記入 貸方	損益計算書 借方	損益計算書 貸方	貸借対照表 借方	貸借対照表 貸方
現 金	33,200		② 800				34,000	
当 座 預 金	162,000		① 8,000	① 1,500			168,500	
受 取 手 形	459,000						459,000	
完成工事未収入金	1,572,000			① 8,000 ④ 23,000			1,541,000	
貸 倒 引 当 金		28,000		⑤ 2,000				30,000
未成工事支出金	8,300		③ 19,980 ⑥ 4,260 ⑦ 32,000 ⑧ 3,000	⑨ 56,900			10,640	
材 料 貯 蔵 品	24,000						24,000	
仮 払 金	41,000			② 5,000 ⑩ 36,000				
建 物	456,000						456,000	
建物減価償却累計額		240,000		③ 12,000				252,000
機 械 装 置	60,000						60,000	
支 払 手 形		155,000						155,000
工 事 未 払 金		365,400		⑧ 3,000				368,400
借 入 金		260,000						260,000
未 払 金		55,000						55,000
未成工事受入金		118,000						118,000
仮 受 金		23,000	④ 23,000					
完成工事補償引当金		6,500		⑥ 4,260				10,760
退職給付引当金		450,000		⑦ 40,000				490,000
資 本 金		600,000						600,000
繰越利益剰余金		230,000						230,000
完 成 工 事 高		5,380,000				5,380,000		
完 成 工 事 原 価	4,805,000		⑨ 56,900		4,861,900			
販売費及び一般管理費	269,000				269,000			
受取利息配当金		7,100				7,100		
支 払 利 息	28,500				28,500			
	7,918,000	7,918,000						
通 信 費			① 1,500		1,500			
旅 費 交 通 費			② 4,200		4,200			
建物減価償却費			③ 12,000		12,000			
機械装置減価償却累計額				③ 19,980				19,980
貸倒引当金繰入額			⑤ 2,000		2,000			
退職給付引当金繰入額			⑦ 8,000		8,000			
未 払 法 人 税 等				⑩ 24,000				24,000
法人税, 住民税及び事業税			⑩ 60,000		60,000			
			235,640	235,640	5,247,100	5,387,100	2,753,140	2,613,140
当期（純利益）					140,000			140,000
					5,387,100	5,387,100	2,753,140	2,753,140

【解　説】

整理記入欄で行われている決算整理仕訳を示せば，次の通りである。

1．当座預金残高の修正（整理記入①）

(1) 引落未通知

（借）通　信　費　　1,500　　（貸）当　座　預　金　　1,500

(2) 完成工事未収入金の振込未記帳

（借）当　座　預　金　　8,000　　（貸）完成工事未収入金　　8,000

2．仮払金の精算（整理記入②）

(1) 出張仮払の精算

（借）旅費交通費　　4,200　　（貸）仮　払　金　　5,000
　　　現　　金　　　800

(2) 法人税等の中間納付

仮払金の残額36,000円（＝41,000円－5,000円）は，後述する「10．未払法人税等の計上」時に整理するので，そちらを参照のこと。

3．減価償却費の計上（整理記入③）

(1) 建　物

（借）建物減価償却費　　12,000　　（貸）建物減価償却累計額　　12,000

※　内訳：(456,000円－0円)÷38年＝12,000円

(2) 機械装置

（借）未成工事支出金　　19,980　　（貸）機械装置減価償却累計額　　19,980

※　内訳：60,000円×0.333×$\frac{12か月}{12か月}$＝19,980円

4．仮受金の整理（整理記入④）

（借）仮　受　金　　23,000　　（貸）完成工事未収入金　　23,000

5．貸倒引当金の繰入（整理記入⑤）

（借）貸倒引当金繰入額　　2,000　　（貸）貸倒引当金　　2,000

※　内訳：(459,000円＋1,572,000円－8,000円－23,000円)×1.5%－28,000円
＝2,000円

6．完成工事補償引当金の計上（整理記入⑥）

（借）未成工事支出金　　4,260　　（貸）完成工事補償引当金　　4,260

※　内訳：5,380,000円×0.2%－6,500円＝4,260円

7．退職給付引当金の繰入（整理記入⑦）

（借）退職給付引当金繰入額　　8,000　　（貸）退職給付引当金　　40,000
　　　未成工事支出金　　32,000

8. 仮設撤去費用の未払分（整理記入⑧）

（借）未成工事支出金　　　3,000　　　（貸）工 事 未 払 金　　　3,000

9. 完成工事原価の調整（整理記入⑨）

（借）完 成 工 事 原 価　　56,900　　　（貸）未成工事支出金　　56,900

未成工事支出金

残 高 試 算 表	8,300	⑨完 成 工 事 原 価	56,900
③機 械 装 置 減価償却累計額	19,980	次 期 繰 越	**10,640**
⑥完 成 工 事 補 償 引 当 金	4,260		
⑦退職給付引当金	32,000		
⑧工 事 未 払 金	3,000		
	67,540		67,540

10. 未払法人税等の計上（整理記入⑩）

（借）法人税，住民税
及 び 事 業 税　　60,000　　　（貸）仮 払 金　　　36,000

　　　　　　　　　　　　　　　　　　　　未 払 法 人 税 等　　24,000

※　内訳：{(5,380,000円＋7,100円）－(4,861,900円＋269,000円＋28,500円

　　　　　＋1,500円＋4,200円＋12,000円＋2,000円＋8,000円)}×30％＝60,000円

第28回（令和 2 年度下期）検定試験

第1問

【解　答】

No.	借　　方			貸　　方		
	記号	勘 定 科 目	金　額	記号	勘 定 科 目	金　額
（例）	B	当 座 預 金	100,000	A	現　　　　金	100,000
（1）	G	工 事 未 払 金	3,000,000	B	当 座 預 金	1,800,000
				C	当 座 借 越	1,200,000
（2）	A	現　　　　金	4,996,500	D	完成工事未収入金	5,000,000
	W	売 上 割 引	3,500			
（3）	F	有 価 証 券	4,812,000	B	当 座 預 金	4,812,000
（4）	T	の れ ん 償 却 費	100,000	K	の　れ　ん	100,000
（5）	D	完成工事未収入金	10,000,000	R	完 成 工 事 高	10,000,000
	S	完 成 工 事 原 価	8,500,000	E	未 成 工 事 支 出 金	8,500,000

【解　説】

1．当座預金残高の不足額は，負債である当座借越勘定を計上する。

2．完成工事未収入金の契約期日前の回収による控除は，売上割引として取り扱う。

3．売買目的の株式の取得であり，有価証券勘定を計上する。

4．会計基準の定めるのれんの最長償却年数は，20年である。

のれん償却：2,000,000円÷20年＝100,000円

5．当期分の完成工事高は，下記により計上することになる。

$$完成工事高：25,000,000円 \times \frac{2,000,000円 + 6,500,000円}{21,250,000円} = 10,000,000円$$

第2問

【解　答】

(1) ￥　　　　5,250

(2) 　　　　　6　年

(3) ￥　　2,390,000

(4) ￥　　1,030,800

【解　説】

1．内部利益の金額

$$(154,500円 + 25,750円) \times \frac{3\%}{100\% + 3\%} = 5,250円$$

2．平均耐用年数

$$年間償却費：\frac{1,500,000円}{5年} + \frac{5,800,000円}{8年} + \frac{600,000円}{3年} = 1,225,000円$$

平均耐用年数：$(1,500,000円 + 5,800,000円 + 600,000円) \div 1,225,000円$

$\doteqdot 6.448\cdots（小数点以下切捨）\rightarrow 6$ 年

3．当月労務費の金額

労　務　費

当月支給総額	2,530,000	前月未払賃金	863,000
当月未払賃金	723,000	当月労務費	(2,390,000)

4．当座預金勘定の残高

(1) 約束手形の取立未通知

(借) 当座預金　　28,000　　(貸) 受取手形　　28,000

(2) 未取付小切手……修正仕訳なし

(3) 完成工事未収入金の入金未通知

(借) 当座預金　　34,000　　(貸) 完成工事未収入金　　34,000

(4) 未渡小切手

(借) 当座預金　　4,800　　(貸) 未払金　　4,800

(5) 当座預金残高

964,000円 + 28,000円 + 34,000円 + 4,800円 = 1,030,800円

第3問

【解　答】

問1　¥ ||3,270||

問2　¥ ||915,600||

問3　¥ ||83,000||　　記号（AまたはB）　||B||

【解　説】

問1

　　　（64,350,000円＋7,326,000円＋3,524,000円）÷23,000時間

　　　　　　　　　　　　　　　≒3,269.⁵⁶⁵²…（円未満四捨五入）→@3,270円

問2

　　　A工事：@3,270円×280時間＝915,600円

問3

　　　予定配賦額：（280時間＋170時間＋1,450時間）×@3,270円＝6,213,000円

労　務　費

実 際 発 生 額	6,130,000	予 定 配 賦 額	6,213,000
労 務 費 差 異	83,000		

労務費差異

		労　務　費	83,000	…＞B：貸方差異

第4問

【解答】

問1

記号	1	2	3	4
(A〜E)	C	B	E	D

問2

工事別原価計算表

（単位：円）

摘　要	No. 100	No. 110	No. 200	計
月初未成工事原価	1,768,000	3,047,000	——	4,815,000
当月発生工事原価				
材　料　費	238,000	427,000	543,000	1,208,000
労　務　費	165,600	259,200	376,800	801,600
外　注　費	532,000	758,000	1,325,000	2,615,000
経　　　費	84,400	95,800	195,200	375,400
工　事　間　接　費	30,600	46,200	73,200	150,000
当月完成工事原価	2,818,600	——	2,513,200	5,331,800
月末未成工事原価	——	4,633,200	——	4,633,200

工事間接費配賦差異月末残高　¥ 　6,500 　記号（AまたはB）　A

【解説】

問1

1．原価を3つの要素別に区分して行う最もオーソドックスな原価計算の方法を形態別原価計算と呼ぶ。

2．収益と対応させることができる原価性のある支出額を総原価と呼び，これを用いて行う原価計算は総原価計算である。

3．一定期間に発生した原価をその期間の生産量で割って，製品の単位当たりの単位の原価として求める原価計算は，総合原価計算である。

4．生産指図書は，各工事別の原価を管理集計するものであり，これにより行われる原価計算は個別原価計算である。

問2

1．月初未成工事原価

No. 100：432,000円＋352,000円＋840,000円＋144,000円＝1,768,000円

No. 110：720,000円＋563,000円＋1,510,000円＋254,000円＝3,047,000円

2．当月労務費

No.100：138時間×@1,200円＝165,600円

No.110：216時間×@1,200円＝259,200円

No.200：314時間×@1,200円＝376,800円

3．工事間接費

(1)　予定配賦率：$\dfrac{2,169,000円}{72,300,000円}＝0.03$

(2)　予定配賦額

No.100：(238,000円＋165,600円＋532,000円＋84,400円)×0.03＝30,600円

No.110：(427,000円＋259,200円＋758,000円＋95,800円)×0.03＝46,200円

No.200：(543,000円＋376,800円＋1,325,000円＋195,200円)×0.03＝73,200円

4．工事間接費配賦差異

工事間接費

実際発生額	160,000	No.100	30,600
		No.110	46,200
		No.200	73,200
		配賦差異	10,000

工事間接費配賦差異

工事間接費	10,000	前月繰越	3,500
		月末残高	6,500 ····＞A：借方残高

第5問

【解　答】

精　算　表

（単位：円）

勘定科目	残高試算表 借方	残高試算表 貸方	整理記入 借方	整理記入 貸方	損益計算書 借方	損益計算書 貸方	貸借対照表 借方	貸借対照表 貸方
現　　　金	52,000			① 7,000			45,000	
当 座 預 金	375,000						375,000	
受 取 手 形	198,000						198,000	
完成工事未収入金	508,000			⑤ 6,000			502,000	
貸 倒 引 当 金		7,000		⑥ 1,400				8,400
未成工事支出金	78,000		⑦ 600 ⑧ 27,000	② 1,500 ④ 2,000 ⑩ 30,000			72,100	
材 料 貯 蔵 品	15,000		② 1,500				16,500	
仮　払　金	34,000			③ 6,000 ⑪ 28,000				
機 械 装 置	360,000						360,000	
機械装置減価償却累計額		60,000	④ 2,000					58,000
備　　　品	36,000						36,000	
備品減価償却累計額		12,000		④ 10,000				22,000
支 払 手 形		85,000						85,000
工 事 未 払 金		105,000						105,000
借　入　金		160,000						160,000
未　払　金		61,000						61,000
未成工事受入金		110,000		⑤ 4,000				114,000
仮　受　金		10,000	⑤ 10,000					
完成工事補償引当金		7,000		⑦ 600				7,600
退職給付引当金		158,000		⑧ 32,000				190,000
資　本　金		500,000						500,000
繰越利益剰余金		155,600						155,600
完 成 工 事 高		3,800,000				3,800,000		
完成工事原価	2,582,000		⑩ 30,000		2,612,000			
販売費及び一般管理費	972,000			⑨ 2,000	970,000			
受取利息配当金		6,500				6,500		
支 払 利 息	27,100		③ 4,000		31,100			
	5,237,100	5,237,100						
事 務 用 品 費			① 3,000		3,000			
雑　損　失			① 4,000		4,000			
前 払 費 用			③ 2,000 ⑨ 2,000				4,000	
備品減価償却費			④ 10,000		10,000			
貸倒引当金繰入額			⑥ 1,400		1,400			
退職給付引当金繰入額			⑧ 5,000		5,000			
未払法人税等				⑪ 23,000				23,000
法人税, 住民税及び事業税			⑪ 51,000		51,000			
			153,500	153,500	3,687,500	3,806,500	1,608,600	1,489,600
当期（純利益）					**119,000**			119,000
					3,806,500	3,806,500	1,608,600	1,608,600

【解　説】

整理記入欄で行われている決算整理仕訳を示せば，次の通りである。

1．現金勘定の修正（整理記入①）

（借）事 務 用 品 費	3,000	（貸）現　　　　　金	7,000
雑　損　失	4,000		

2．仮設材料の戻し分（整理記入②）

（借）材 料 貯 蔵 品	1,500	（貸）未成工事支出金	1,500

3．仮払金の精算（整理記入③）

(1)　支払利息の精算

（借）支 払 利 息	4,000	（貸）仮　払　金	6,000
前 払 費 用	2,000		

(2)　法人税等の中間納付

仮払金の残額28,000円（＝34,000円－6,000円）は，後述する「11．未払法人税等の計上」時に整理するので，そちらを参照のこと。

4．減価償却費の計上（整理記入④）

(1)　機 械 装 置

（借）機 械 装 置 減価償却累計額	2,000	（貸）未成工事支出金	2,000

※　内訳

年間計上額：＠5,000円×12か月＝60,000円

実際発生額：58,000円

超　過　額：60,000円－58,000円＝2,000円

(2)　備　　　品

（借）備品減価償却費	10,000	（貸）備　　　　　品 減価償却累計額	10,000

※　内訳

従　来　分：24,000円÷3年　　　　　＝8,000円

期中取得分：$12,000円÷3年×\dfrac{6か月}{12か月}=2,000円$

5．仮受金の整理（整理記入⑤）

(1)　完成工事未収入金の入金

（借）仮　受　金	6,000	（貸）完成工事未収入金	6,000

(2)　工事契約の前受金

（借）仮　受　金	4,000	（貸）未成工事受入金	4,000

6．貸倒引当金の設定（整理記入⑥）

（借）貸倒引当金繰入額	1,400	（貸）貸 倒 引 当 金	1,400

※　内訳：1,450円＋（198,000円＋508,000円－6,000円－5,000円）×1％

－7,000円＝1,400円

7. **完成工事補償引当金の計上**（整理記入⑦）

（借）未成工事支出金　　　　600　　　（貸）完成工事補償　　　　600
　　　　　　　　　　　　　　　　　　　　　引　当　金

　　※　内訳：3,800,000円×0.2％−7,000円＝600円

8. **退職給付引当金の繰入**（整理記入⑧）

（借）退職給付引当金　　　5,000　　　（貸）退職給付引当金　　　32,000
　　　繰　入　額

　　　未成工事支出金　　　27,000

9. **前払保険料の計上**（整理記入⑨）

（借）前　払　費　用　　　2,000　　　（貸）販　売　費　及　び　　　2,000
　　　　　　　　　　　　　　　　　　　　　一　般　管　理　費

　　※　内訳：$6,000円 \times \dfrac{4か月}{12か月} = 2,000円$

10. **完成工事原価の調整**（整理記入⑩）

（借）完　成　工　事　原　価　　30,000　　　（貸）未成工事支出金　　　30,000

未成工事支出金

残　高　試　算　表	78,000	②材　料　貯　蔵　品	1,500
⑦完成工事補償引当金	600	④機　械　装　置 減価償却累計額	2,000
⑧退職給付引当金	27,000	⑩完成工事原価	30,000
		次　期　繰　越	**72,100**
	105,600		105,600

11. **未払法人税等の計上**（整理記入⑪）

（借）法人税，住民税　　　51,000　　　（貸）仮　払　金　　　28,000
　　　及　び　事　業　税

　　　　　　　　　　　　　　　　　　　　　未　払　法　人　税　等　　　23,000

　　※　内訳：{(3,800,000円＋6,500円)−(2,612,000円＋970,000円＋31,100円
　　　　　　＋3,000円＋4,000円＋10,000円＋1,400円＋5,000円)}×30％＝51,000円

第29回（令和3年度上期）検定試験

【第1問】

【解　答】

No.	借　　　方			貸　　　方		
	記号	勘定科目	金　額	記号	勘定科目	金　額
（例）	B	当座預金	100,000	A	現　　　金	100,000
(1)	J	工事未払金	8,000,000	B U	当座預金 仕入割引	7,985,000 15,000
(2)	B X	当座預金 有価証券売却損	1,400,000 100,000	C	有価証券	1,500,000
(3)	D	建　物	5,800,000	B E	当座預金 建設仮勘定	4,600,000 1,200,000
(4)	Q	繰越利益剰余金	330,000	K N	未払配当金 利益準備金	300,000 30,000
(5)	S	社債発行費償却	120,000	F	社債発行費	120,000

【解　説】

1．工事未払金支払時の代金割引は，収益勘定の仕入割引で処理する。

2．有価証券売却損は，下記の方法で計算する。

有価証券売却損：（@300円－@280円）×5,000株＝100,000円

3．建物建築のための手付金は，支払時に建設仮勘定が計上されている。

4．利益準備金の積立額は，既存の資本準備金と利益準備金の合計額に今回の株主配当金の$\frac{1}{10}$を積み立てても資本金の$\frac{1}{4}$に達しないので，30,000円がその積立額になる。

$$1,000,000円 \times \frac{1}{4} > 150,000円 + 50,000円 + 300,000円 \times \frac{1}{10}$$

5．社債発行費を繰延処理するときは，発行後5年で償却することになる。

社債発行費償却：$600,000円 \times \frac{1年}{5年} = 120,000円$

第2問

【解 答】

(1) ¥ | 200,000 |

(2) ¥ | 2,700,000 |

(3) ¥ | 7,900,000 |

(4) ¥ | 15,000 |

【解 説】

1. 減価償却費の差額

(1) 生産高比例法：$3,000,000円 \times \dfrac{4,000単位}{15,000単位} = 800,000円$

(2) 定　額　法：$3,000,000円 \div 5年 = 600,000円$

(3) 差　　　額：(1) - (2) = 200,000円

2. 完成工事未収入金の残高

(1) 完 成 工 事 高：$18,000,000円 \times \dfrac{1,508,000円 + 5,620,000円}{15,840,000円} = 8,100,000円$

(2) 受 取 金 額：$18,000,000円 \times 30\% = 5,400,000円$

(3) 未収入金残高：(1) - (2) = 2,700,000円

3. 貸借対照表価額

(1) 償 却 原 価 額：$(8,000,000円 - 7,800,000円)$

$$\times \dfrac{2年}{4年} (20 \times 1.4.1 \sim 20 \times 3.3.31) = 100,000円$$

(2) 貸借対照表価額：7,800,000円 + (1)100,000円 = 7,900,000円

4. 前 払 利 息

支 払 利 息

期 首 前 払 利 息	5,000	当期末前払利息	15,000
期 中 支 払 額	350,000	損益計算書計上額	340,000

第3問

【解　答】

問1

記号 （A～E）	1	2	3	4
	B	A	D	C

問2

1.

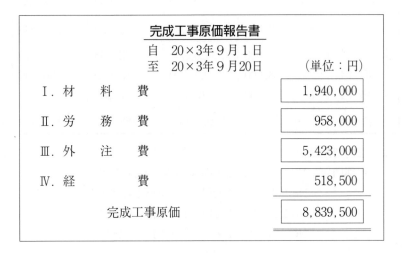

完成工事原価報告書
自　20×3年9月1日
至　20×3年9月20日　　　（単位：円）

Ⅰ．材　　料　　費	1,940,000
Ⅱ．労　　務　　費	958,000
Ⅲ．外　　注　　費	5,423,000
Ⅳ．経　　　　　費	518,500
完成工事原価	8,839,500

2.

¥ 　2,926,000

3.

現場共通費配賦差異月末残高　¥　4,180　　記号（AまたはB）　A

【解　説】

問1

1．労務作業量は，労務費額ではなく，直接作業時間を基準に配賦するのが適切である。

2．建設目的の機械であることから，機械運転時間を基準にする。

3．労務副費は，労務費額により配賦する。

4．材料副費は，材料費額により配賦する。

問2

1．当月の工事原価計算表

工事原価計算表

（単位：円）

内　訳	No.201	No.202	No.212	No.213	合　計
月初未完成工事	5,821,000	2,569,000	1,082,000	－	9,472,000
材　料　費	30,000	120,000	50,000	250,000	450,000
労　務　費	81,000	42,000	40,000	134,000	297,000
外　注　費	382,000	127,000	69,000	652,000	1,230,000
直　接　経　費	57,000	26,000	22,000	18,000	
甲　部　門　費	48,000	24,000	18,000	36,000	316,500
乙　部　門　費	4,500	18,000	7,500	37,500	
合　計	6,423,500	2,926,000	1,288,500	1,127,500	11,765,500

※　部門費配賦額

甲部門費：No.201　@1,200円×40時間＝48,000円

No.202　@1,200円×20時間＝24,000円

No.212　@1,200円×15時間＝18,000円

No.213　@1,200円×30時間＝36,000円

乙部門費：No.201　　30,000円× 15％ ＝ 4,500円

No.202　120,000円× 15％ ＝18,000円

No.212　　50,000円× 15％ ＝ 7,500円

No.213　250,000円× 15％ ＝37,500円

2．完成工事原価報告書の内訳

（単位：円）

内　訳	月初未成工事			当　　月投入原価	月末未成工事 No.202	完　成工事原価
	No.201	No.202	No.212			
材　料　費	1,230,000	850,000	380,000	450,000	970,000	1,940,000
労　務　費	560,000	235,000	143,000	297,000	277,000	958,000
外　注　費	3,800,000	1,380,000	520,000	1,230,000	1,507,000	5,423,000
直接経費	231,000	104,000	39,000	123,000	130,000	518,500
甲部門費	－	－	－	126,000	24,000	
乙部門費	－	－	－	67,500	18,000	
合　計	5,821,000	2,569,000	1,082,000	2,293,500	2,926,000	8,839,500

3．現場共通費配賦差異勘定残高

甲部門と乙部門の配賦差異を一括した勘定の上で把握すると，下記のようになる。

甲 部 門				乙 部 門		
実際発生額	119,400	予定配賦額	126,000	実際発生額	73,200	予定配賦額	67,500
共通費配賦差異	6,600			共通費配賦差異	5,700		

現場共通費配賦差異

前月繰越（甲部門）	13,400	前月繰越（乙部門）	8,320
当月乙部門	5,700	当月甲部門	6,600
		次月繰越	4,180　借方差異→A

第4問

【解　答】

問1　¥　　　　131

問2　¥　　19,650

問3　¥　　17,220　　　記号（AまたはB）　B

【解　説】

1．車両関係費予定配賦率

(1)　車両関係費予算：860,000円＋540,000円＋1,085,000円＋642,000円＋137,000円
　　　　　　　　　＝3,264,000円

(2)　予定配賦率：3,264,000円÷25,000km＝130.56円（円未満四捨五入）→@131円

2．丙工事への予定配賦額

　　　丙工事：150km×@131円＝19,650円

3．配 賦 差 異

(1)　当月配賦額合計：（630km＋420km＋150km＋180km）×@131円＝180,780円

(2)　配賦差異：198,000円－180,780円＝17,220円（不利差異）→B
　　　　　　　実際発生額　　予定配賦額

第5問

【解 答】

精 算 表

（単位：円）

勘定科目	残高試算表 借方	残高試算表 貸方	整理記入 借方	整理記入 貸方	損益計算書 借方	損益計算書 貸方	貸借対照表 借方	貸借対照表 貸方
現　　　　金	106,400						106,400	
当 座 預 金	234,000		① 1,500				235,500	
受 取 手 形	68,000						68,000	
完成工事未収入金	721,000			⑤ 14,000			707,000	
貸 倒 引 当 金		8,400		⑥ 8,220				16,620
未成工事支出金	84,500		② 2,500 ⑧ 18,000	④ 6,000 ⑦ 2,400 ⑨ 33,000			63,600	
材 料 貯 蔵 品	7,500			② 2,500			5,000	
仮 　払 　金	38,500			③ 6,500 ⑩ 32,000				
機 械 装 置	250,000						250,000	
機械装置減価償却累計額		150,000	④ 6,000					144,000
備 　　　品	32,000						32,000	
備品減価償却累計額		14,000		④ 4,500				18,500
支 払 手 形		85,000						85,000
工 事 未 払 金		115,000						115,000
借 　入 　金		150,000						150,000
未 　払 　金		61,000		① 1,500 ③ 800				63,300
未成工事受入金		141,000		⑤ 10,000				151,000
仮 　受 　金		24,000	⑤ 24,000					
完成工事補償引当金		22,000	⑦ 2,400					19,600
退職給付引当金		321,000		⑧ 25,000				346,000
資 　本 　金		100,000						100,000
繰越利益剰余金		150,480						150,480
完 成 工 事 高		9,800,000				9,800,000		
完 成 工 事 原 価	8,594,000		⑨ 33,000		8,627,000			
販売費及び一般管理費	975,000				975,000			
受取利息配当金		7,400				7,400		
支 払 利 息	38,380				38,380			
	11,149,280	11,149,280						
旅 費 交 通 費			⑦ 7,300		7,300			
備品減価償却費			④ 4,500		4,500			
貸倒引当金繰入額			⑥ 8,220		8,220			
退職給付引当金繰入額			⑧ 7,000		7,000			
未 払 法 人 税 等				⑩ 10,000				10,000
法人税, 住民税及び事業税			⑩ 42,000		42,000			
			156,420	156,420	9,709,400	9,807,400	1,467,500	1,369,500
当期（純利益）					**98,000**			98,000
					9,807,400	9,807,400	1,467,500	1,467,500

【解　説】

整理記入欄で行われている決算整理仕訳を示せば，次の通りである。

1．当座預金勘定の修正（整理記入①）

(1) 未渡小切手

（借）当 座 預 金　　　1,500　　　（貸）未 　払 　金　　　1,500

(2) 未取付小切手

すでに仕訳が完了しており，特別な処理は必要ない。

2．材料貯蔵品の減耗（整理記入②）

（借）未成工事支出金　　　2,500　　　（貸）材 料 貯 蔵 品　　　2,500

3．仮払金の精算（整理記入③）

(1) 出張交通費

（借）旅 費 交 通 費　　　7,300　　　（貸）仮 　払 　金　　　6,500
　　　　　　　　　　　　　　　　　　　　　 未 　払 　金　　　　800

(2) 法人税等の中間納付

仮払金の残額32,000円（＝38,500円－6,500円）は，後述する「10．未払法人税等の計上」時に整理するので，そちらを参照のこと。

4．減価償却費の計上（整理記入④）

(1) 機 械 装 置

（借）機 械 装 置
減価償却累計額　　　6,000　　　（貸）未成工事支出金　　　6,000

※　内訳

年間計上額：@7,500円×12か月＝90,000円

実際発生額：84,000円

超　過　額：90,000円－84,000円＝6,000円

(2) 備　　　品

（借）備品減価償却費　　　4,500　　　（貸）備　　　品
減価償却累計額　　　4,500

※　内訳：（32,000円－14,000円）×25％＝4,500円

5．仮受金の精算（整理記入⑤）

(1) 完成工事未収入金の入金

（借）仮 　受 　金　　　14,000　　　（貸）完成工事未収入金　　　14,000

(2) 工事契約の前受金

（借）仮 　受 　金　　　10,000　　　（貸）未成工事受入金　　　10,000

6. 貸倒引当金の設定（整理記入⑥）

（借）貸倒引当金繰入額　　　8,220　　　（貸）貸 倒 引 当 金　　　8,220

※　内訳

一 般 債 権 分：(68,000円＋721,000円－14,000円－15,000円)×1.2%
　　　　　　　　＝9,120円

回収不能見込分：15,000円×50%＝7,500円

繰 　 入 　 額：(9,120円＋7,500円)－8,400円＝8,220円

7. 完成工事補償引当金の計上（整理記入⑦）

（借）完 成 工 事 補 償　　　2,400　　　（貸）未 成 工 事 支 出 金　　　2,400
　　　引 　 当 　 金

※　内訳：9,800,000円×0.2%－22,000円＝△2,400円

8. 退職給付引当金の繰入（整理記入⑧）

（借）退 職 給 付 引 当 金　　　7,000　　　（貸）退 職 給 付 引 当 金　　　25,000
　　　繰 　 入 　 額

　　　未 成 工 事 支 出 金　　18,000

9. 完成工事原価の調整（整理記入⑨）

（借）完 成 工 事 原 価　　33,000　　　（貸）未 成 工 事 支 出 金　　33,000

未成工事支出金

残 高 試 算 表	84,500	④機 械 装 置 減価償却累計額	6,000
②材 料 貯 蔵 品	2,500	⑦完 成 工 事 引 当 金	2,400
⑧退 職 給 付 引 当 金	18,000	⑨完 成 工 事 原 価	33,000
		次 　 期 　 繰 　 越	**63,600**
	105,000		105,000

10. 未払法人税等の計上（整理記入⑩）

（借）法人税, 住民税　　　42,000　　　（貸）仮 　 払 　 金　　32,000
　　　及 び 事 業 税

　　　　　　　　　　　　　　　　　　　　　未 払 法 人 税 等　　10,000

※　内訳：｛(9,800,000円＋7,400円)－(8,627,000円＋975,000円＋38,380円
　　　　＋7,300円＋4,500円＋8,220円＋7,000円)｝×30%＝42,000円

第30回(令和3年度下期)検定試験

第1問

【解　答】

No.	借　方 記号	勘　定　科　目	金　額	貸　方 記号	勘　定　科　目	金　額
(例)	B	当　座　預　金	100,000	A	現　　　　金	100,000
(1)	C	別　段　預　金	7,200,000	T	新株式申込証拠金	7,200,000
(2)	M	仮　受　消　費　税	140,000	G	仮　払　消　費　税	158,000
	H	未　収　消　費　税	18,000			
(3)	A	現　　　　金	150,000	F	機　械　装　置	120,000
				W	固定資産売却益	30,000
(4)	E	完成工事未収入金	16,000,000	U	完　成　工　事　高	16,000,000
(5)	J	手　形　貸　付　金	1,000,000	B	当　座　預　金	1,000,000

【解　説】

1．株式を発行した場合には，払込期日までは払込金を別株預金とし，貸方は新株式申込証拠金勘定で処理する。

2．決算では，仮払消費税と仮受消費税を相殺するが，課税仕入の金額が多い場合には本問のように消費税が還付される。

3．帳簿価額120,000円(＝取得原価600,000円－減価償却累計額480,000円)の機械装置を150,000円で売却しているので，30,000円の売却益が計上される。

4．完成工事高は，下記の方法で計算する。

(1) 前期，当期合計：$(45,000,000円 + 5,000,000円) \times \dfrac{7,500,000円 + 11,250,000円}{37,500,000円}$

$= 25,000,000円$

(2) 前期計上額：$45,000,000円 \times \dfrac{7,500,000円}{37,500,000円} = 9,000,000円$

(3) 当期計上額：$(1) - (2) = 16,000,000円$

5．約束手形の受取りによる貸付は，手形貸付金勘定で処理する。

【第2問】

【解　答】

(1) ¥ | 550,000 |

(2) | 5 | 年

(3) ¥ | 328,000 |

(4) ¥ | 46,080 |

【解　説】

1．支店における本店勘定残高

大阪支店：

(借) 本　　　　店　　500,000　　　(貸) 当 座 預 金　　500,000

大阪支店	本店勘定	
残　　高	50,000	⎱ 550,000
→ 当座預金	500,000	⎰

2．平均耐用年数

(1) 要償却額

$$(1,300,000円 - 0) + (2,800,000円 - 0) + (600,000円 - 0) = 4,700,000円$$

(2) 年間償却費

① 機械装置A：$(1,300,000円 - 0) ÷ 5 年 = 260,000円$

② 機械装置B：$(2,800,000円 - 0) ÷ 7 年 = 400,000円$

③ 機械装置C：$(\ \ \ 600,000円 - 0) ÷ 3 年 = 200,000円$

④ 合　計　額：① ＋ ② ＋ ③　　　　＝ 860,000円

(3) 平均耐用年数

$$4,700,000円 ÷ 860,000円 ≒ 5.465 ⋯（小数点以下切捨）→ 5 年$$

3．未達事項整理前の当座預金

① 仕訳なし

②(借) 当 座 預 金　　35,000　　　(貸) 未　 払　 金　　35,000

③(借) 水 道 光 熱 費　　12,000　　　(貸) 当 座 預 金　　12,000

企業側	当 座 預 金		
整 理 前	328,000	③	12,000
③	35,000	残　　高	351,000

銀行側	当 座 預 金		
残　　高	331,000		
①	20,000	残　　高	351,000

4．材料評価損

材料評価損：$(1,200kg - 48kg) × (@320円 - @280円) = 46,080円$

第3問

【解　答】

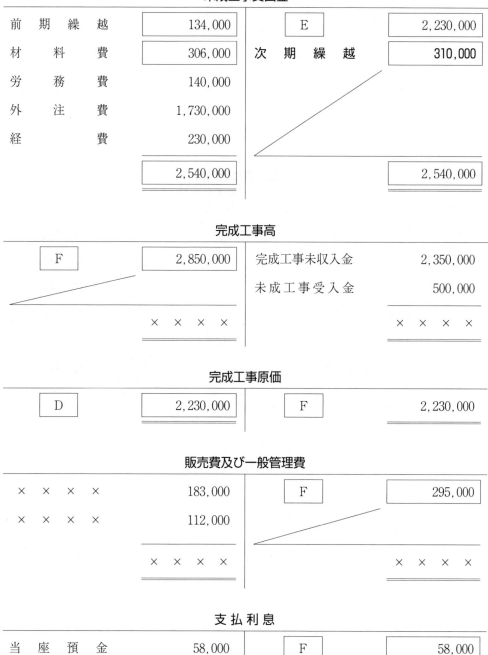

未成工事支出金

前　期　繰　越	134,000	E	2,230,000
材　　料　　費	306,000	次　期　繰　越	310,000
労　　務　　費	140,000		
外　　注　　費	1,730,000		
経　　　　　費	230,000		
	2,540,000		2,540,000

完成工事高

F	2,850,000	完成工事未収入金	2,350,000
		未成工事受入金	500,000
× × × ×		× × × ×	

完成工事原価

D	2,230,000	F	2,230,000

販売費及び一般管理費

× × × ×	183,000	F	295,000
× × × ×	112,000		
× × × ×		× × × ×	

支払利息

当　座　預　金	58,000	F	58,000

損　　益

E	2,230,000	A	2,850,000
G	295,000		
C	58,000		
繰越利益剰余金	267,000		
	2,850,000		2,850,000

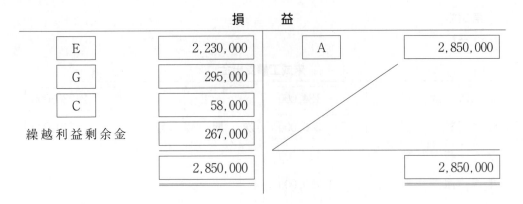

完成工事原価報告書
自　20×1年4月1日
至　20×2年3月31日
（単位：円）

Ⅰ．材　料　費	288,000
Ⅱ．労　務　費	121,000
Ⅲ．外　注　費	1,625,000
Ⅳ．経　　　費	196,000
（うち人件費　96,000）	
完成工事原価	2,230,000

【解 説】

1．未成工事支出金勘定

(1) 前 期 繰 越……工事原価の期首残高

13,000円＋34,000円＋76,000円＋11,000円＝134,000円

(2) 次 期 繰 越……工事原価の次期繰越額

31,000円＋53,000円＋181,000円＋45,000円＝310,000円

(3) 貸方 E の金額……当期の完成工事原価

完成工事原価勘定の貸方 F の2,230,000円

(4) 材 料 費

上記(1)～(3)の貸借差額により306,000円

2．完成工事高

借方 E ：貸方2,350,000円＋500,000円＝2,850,000円

3．販売費及び一般管理費

貸方 F ：借方183,000円＋112,000円＝295,000円

4．損 益 勘 定

(1) 借 方

E 完成工事原価の貸方：2,230,000円

G 販売費及び一般管理費の借方合計 F ：295,000円

C 支払利息の借方：58,000円

繰越利益剰余金 貸借の差額：267,000円

(2) 貸 方

A 完成工事高の借方 F ：2,850,000円

5．完成工事原価報告書

材 料 費：13,000円＋306,000円－31,000円＝288,000円

労 務 費：34,000円＋140,000円－53,000円＝121,000円

外 注 費：76,000円＋1,730,000円－181,000円＝1,625,000円

経 費：11,000円＋230,000円－45,000円＝196,000円

（人 件 費）：1,000円＋100,000円－5,000円＝96,000円

第4問

【解 答】

問1

記号	1	2	3	4
(A〜C)	B	A	C	A

問2

部門費振替表 (単位：円)

摘 要	工 事 部			補 助 部 門		
	甲工事部	乙工事部	丙工事部	機械部門	車両部門	仮設部門
部 門 費 合 計	7,350,000	3,750,000	2,380,000	1,440,000	549,000	960,000
機 械 部 門 費	720,000	360,000	360,000			
車 両 部 門	231,000	186,000	132,000			
仮 設 部 門	240,000	560,000	160,000			
補助部門費配賦額合計	1,191,000	1,106,000	652,000			
工 事 原 価	8,541,000	4,856,000	3,032,000			

【解 説】

問1

1. 物流費は，商品運搬等に関連した販売により発生する。

2. 広告関連の支出は，将来の売上獲得のための費用と考えられる。

3. 経理関連費は，会社全体の管理目的の支出である。

4. 市場を調査する目的は，売上に関連するため，注文獲得費になる。

問2

1. 車両部門の原価発生額

部門費振替表（3段目）車両部門より

231,000円＋186,000円＋132,000円＝549,000円

2. 部門費振替表

(1) 1段目の補助部門費欄……＜資料＞2の発生額

1,440,000円，549,000円（上記1），960,000円を記入する。

(2)　2段目の機械部門費

$$1,440,000円 \times \begin{cases} \dfrac{20 \times 30時間}{20 \times 30時間 + 15 \times 20時間 + 30 \times 10時間} = 720,000円 \\[3mm] \dfrac{15 \times 20時間}{20 \times 30時間 + 15 \times 20時間 + 30 \times 10時間} = 360,000円 \\[3mm] \dfrac{30 \times 10時間}{20 \times 30時間 + 15 \times 20時間 + 30 \times 10時間} = 360,000円 \end{cases}$$

(3)　4段目の仮設部門費

①　仮設部門費の乙工事配賦後の残高

　　$960,000円 - 560,000円 = 400,000円$

②　甲，丙工事部の配賦額

$$400,000円 \times \begin{cases} \dfrac{3 \times 5日}{3 \times 5日 + 2 \times 5日} = 240,000円 \\[3mm] \dfrac{2 \times 5日}{3 \times 5日 + 2 \times 5日} = 160,000円 \end{cases}$$

(4)　5段目の補助部門費配賦額合計

　　甲工事部：$720,000円 + 231,000円 + 240,000円 = 1,191,000円$

　　乙工事部：$360,000円 + 186,000円 + 560,000円 = 1,106,000円$

　　丙工事部：$360,000円 + 132,000円 + 160,000円 = 652,000円$

(5)　6段目の工事原価

　　甲工事部：$7,350,000円 + 1,191,000円 = 8,541,000円$

　　乙工事部：$3,750,000円 + 1,106,000円 = 4,856,000円$

　　丙工事部：$2,380,000円 + 652,000円 = 3,032,000円$

第5問

【解答】

精算表

（単位：円）

勘定科目	残高試算表 借方	残高試算表 貸方	整理記入 借方	整理記入 貸方	損益計算書 借方	損益計算書 貸方	貸借対照表 借方	貸借対照表 貸方
現金	12,500			① 3,000			9,500	
当座預金	203,000						203,000	
受取手形	47,000						47,000	
完成工事未収入金	693,000			⑤ 10,000			683,000	
貸倒引当金		7,500		⑥ 1,260				8,760
未成工事支出金	157,100		④ 2,000 ⑦ 600 ⑧ 9,400	② 1,200 ⑤ 5,000 ⑨ 25,000			137,900	
材料貯蔵品	5,700		② 1,200				6,900	
仮払金	28,400			③ 1,800 ⑩ 26,600				
機械装置	150,000						150,000	
機械装置減価償却累計額		65,000		④ 2,000				67,000
備品	48,000						48,000	
備品減価償却累計額		16,000		④ 16,000				32,000
支払手形		83,000						83,000
工事未払金		115,000						115,000
借入金		150,000						150,000
未払金		61,000						61,000
未成工事受入金		141,000		⑤ 8,000				149,000
仮受金		23,000	⑤ 10,000 ⑤ 8,000 ⑤ 5,000					
完成工事補償引当金		10,500		⑦ 600				11,100
退職給付引当金		187,000		⑧ 13,000				200,000
資本金		100,000						100,000
繰越利益剰余金		215,040						215,040
完成工事高		5,550,000				5,550,000		
完成工事原価	4,484,500		⑨ 25,000		4,509,500			
販売費及び一般管理費	875,000				875,000			
受取利息配当金		5,560				5,560		
支払利息	25,400		③ 1,200		26,600			
	6,729,600	6,729,600						
通信費			① 2,500		2,500			
雑損失			① 500		500			
前払費用			③ 600				600	
備品減価償却費			④ 16,000		16,000			
貸倒引当金繰入額			⑥ 1,260		1,260			
退職給付引当金繰入額			⑧ 3,600		3,600			
未払法人税等				⑩ 9,580				9,580
法人税, 住民税及び事業税			⑩ 36,180		36,180			
			123,040	123,040	5,471,140	5,555,560	1,285,900	1,201,480
当期（純利益）					84,420			84,420
					5,555,560	5,555,560	1,285,900	1,285,900

【解　説】

　整理記入欄で行われている決算整理仕訳を示せば，次の通りである。

1．現金勘定の修正（整理記入①）

（借）通　信　費	2,500	（貸）現　　　　金	3,000
雑　損　失	500		

2．仮設材料の戻し分（整理記入②）

（借）材 料 貯 蔵 品	1,200	（貸）未成工事支出金	1,200

3．仮払金の精算（整理記入③）

(1)　支払利息の精算

（借）支 払 利 息	1,200	（貸）仮　払　金	1,800
前 払 費 用	600		

(2)　法人税等の中間納付

　　仮払金の残額26,600円（＝28,400円－1,800円）は，後述する「10．未払法人税等の計上」時に整理するので，そちらを参照のこと。

4．減価償却費の計上（整理記入④）

(1)　機 械 装 置

（借）未成工事支出金	2,000	（貸）機 械 装 置 減価償却累計額	2,000

　　　※　内訳

　　　　　年間発生額：@5,000円×12か月＝60,000円

　　　　　実際発生額：62,000円

　　　　　不　足　額：62,000円－60,000円＝2,000円

(2)　備　　　品

（借）備品減価償却費	16,000	（貸）備　　　　品 減価償却累計額	16,000

　　　※　内訳：（48,000円－0）÷3年＝16,000円

5．仮受金の整理（整理記入⑤）

(1)　完成工事未収入金の入金

（借）仮　受　金	10,000	（貸）完成工事未収入金	10,000

(2)　施行中の工事代金

（借）仮　受　金	8,000	（貸）未成工事受入金	8,000

(3)　スクラップ売却代金

（借）仮　受　金	5,000	（貸）未成工事支出金	5,000

6．貸倒引当金の設定（整理記入⑥）

（借）貸倒引当金繰入額	1,260	（貸）貸 倒 引 当 金	1,260

　　　※　内訳：｛47,000円＋（693,000円－10,000円）｝×1.2％－7,500円＝1,260円

7. 完成工事補償引当金の計上（整理記入⑦）

（借）未成工事支出金	600	（貸）完成工事補償引当金	600

※ 内訳：5,550,000円×0.2％－10,500円＝600円

8. 退職給付引当金の繰入（整理記入⑧）

（借）退職給付引当金繰入額	3,600	（貸）退職給付引当金	13,000
未成工事支出金	9,400		

9. 完成工事原価の調整（整理記入⑨）

（借）完成工事原価	25,000	（貸）未成工事支出金	25,000

未成工事支出金

残高試算表	157,100	②材料貯蔵品	1,200
④機械装置減価償却累計額	2,000	⑤仮受金	5,000
⑦完成工事補補償引当金	600	⑨完成工事原価	25,000
⑧退職給付引当金	9,400	次期繰越	137,900
	169,100		169,100

10. 未払法人税等の計上（整理記入⑩）

（借）法人税，住民税及び事業税	36,180	（貸）仮払金	26,600
		未払法人税等	9,580

※ 内訳：｛(5,550,000円＋5,560円)－(4,509,500円＋875,000円＋26,600円
＋2,500円＋500円＋16,000円＋1,260円＋3,600円)｝×30％＝36,180円

第31回(令和4年度上期)検定試験

第1問

【解答】

No.	借 方			貸 方		
	記号	勘定科目	金額	記号	勘定科目	金額
(例)	B	当座預金	100,000	A	現金	100,000
(1)	G W	投資有価証券 有価証券利息	9,800,000 50,000	B	当座預金	9,850,000
(2)	E X	建物 修繕費	500,000 1,350,000	H	営業外支払手形	1,850,000
(3)	Q	資本準備金	5,000,000	N	資本金	5,000,000
(4)	D	完成工事未収入金	82,500,000	R	完成工事高	82,500,000
(5)	M	完成工事補償引当金	260,000	B	当座預金	260,000

【解説】

1. 購入した社債は投資有価証券勘定で，また端数利息は有価証券利息勘定で処理する。

   投資有価証券：@98円 × $\dfrac{10,000,000円}{@100円}$ (=100,000口) = 9,800,000円

2. 支払は約束手形で行っているが，処理は営業外支払手形勘定を用いる。また，支出額のうち改良のためのものは，資本的支出として建物勘定を計上する。

3. 資本準備金を，資本金勘定へ振り替えればよい。

4. 完成工事高は，下記の方法で計算する。

   (1) 前期，当期合計：550,000,000円 × $\dfrac{70,950,000円+72,450,000円}{473,000,000円+5,000,000円}$

   $= 165,000,000円$

   (2) 前期計上分：550,000,000円 × $\dfrac{70,950,000円}{473,000,000円}$ = 82,500,000円

   (3) 当期計上分：(1)−(2)=82,500,000円

5. 完成工事補償引当金が計上されているので，これを取り崩すことになる。

第2問

【解　答】

(1) ¥　2,700,000

(2) ¥　40,000

(3) ¥　2,650

(4) ¥　266,000

【解　説】

1．交換による固定資産の取得原価

取得原価：(5,200,000円－2,800,000円)＋300,000円＝2,700,000円

2．社債償還益

社債償還益：(@100円－@99.8円)×$\dfrac{20,000,000円}{@100円}$(＝200,000口)＝40,000円

3．支店及び本店勘定の一致額

① 大阪支店

(借)本　　　店　　　450　　　(貸)完成工事未収入金　　　450

② 本　　　店

(借)現　　　金　　　250　　　(貸)大　阪　支　店　　　250

③ 大阪支店

(借)旅費交通費　　　210　　　(貸)本　　　店　　　390
　　接待交際費　　　180

④ 大阪支店

(借)材　　　料　　　350　　　(貸)本　　　店　　　350

(本社側)	**大 阪 支 店**			(大阪支店側)	**本　　店**		
残高	2,900	②	250		①	450	残高	2,360
							③	210
							〃	180
		2,650	←一致→	2,650	④	350

4．仮払消費税の金額

決算時には，下記の処理が行われている。

(借)仮受消費税　　　352,000　　　(貸)仮払消費税　　　266,000
　　　　　　　　　　　　　　　　　　未払消費税　　　 86,000

第3問

【解答】

(1) 先入先出法を用いた場合の材料費　　　¥　　　304,500

(2) 移動平均法を用いた場合の材料費　　　¥　　　301,500

(3) 総平均法を用いた場合の材料費　　　　¥　　　299,250

【解説】

(1) 先入先出法

材　料　元　帳

（先入先出法）　　　　　　　　A材料　9月　　　（数量：kg　単価及び金額：円）

月	日	摘　　要	受　入 数量	受　入 単価	受　入 金額	払　出 数量	払　出 単価	払　出 金額	残　高 数量	残　高 単価	残　高 金額
9	1	前 月 繰 越	200	140	28,000				200	140	28,000
	5	仕　　　　入	800	190	152,000				200	140	28,000
									800	190	152,000
	9	No.101 払　出				200	140	28,000			
						200	190	38,000	600	190	114,000
	12	仕　　　　入	400	180	72,000				600	190	114,000
									400	180	72,000
	14	No.102 払　出				300	190	57,000	300	190	57,000
									400	180	72,000
	16	No.101 払　出				300	190	57,000	400	180	72,000
	18	仕　　　　入	600	150	90,000				400	180	72,000
									600	150	90,000
	20	No.102 払　出				400	180	72,000			
						100	150	15,000	500	150	75,000
	24	No.103 払　出				100	150	15,000	400	150	60,000
	28	No.101 払　出				150	150	22,500	250	150	37,500
								304,500			

(2) 移動平均法

材　料　元　帳

（移動平均法）　　　　　　　A材料　9月　　　（数量：kg　単価及び金額：円）

月	日	摘　　要	受入			払出			残高		
			数量	単価	金額	数量	単価	金額	数量	単価	金額
9	1	前月繰越	200	140	28,000				200	140	28,000
	5	仕　入	800	190	152,000				1,000	180	180,000
	9	No.101払出				400	180	72,000	600	180	108,000
	12	仕　入	400	180	72,000				1,000	180	180,000
	14	No.102払出				300	180	54,000	700	180	126,000
	16	No.101払出				300	180	54,000	400	180	72,000
	18	仕　入	600	150	90,000				1,000	162	162,000
	20	No.102払出				500	162	81,000	500	162	81,000
	24	No.103払出				100	162	16,200	400	162	64,800
	28	No.101払出				150	162	24,300	250	162	40,500
								301,500			

(3) 総平均法

材　料　元　帳

（総平均法）　　　　　　　A材料　9月　　　（数量：kg　単価及び金額：円）

月	日	摘　　要	受入			払出			残高		
			数量	単価	金額	数量	単価	金額	数量	単価	金額
9	1	前月繰越	200	140	28,000				200	140	28,000
	5	仕　入	800	190	152,000				1,000	171	171,000
	9	No.101払出				400	171	68,400	600	171	102,600
	12	仕　入	400	180	72,000				1,000	171	171,000
	14	No.102払出				300	171	51,300	700	171	119,700
	16	No.101払出				300	171	51,300	400	171	68,400
	18	仕　入	600	150	90,000				1,000	171	171,000
	20	No.102払出				500	171	85,500	500	171	85,500
	24	No.103払出				100	171	17,100	400	171	68,400
	28	No.101払出				150	171	25,650	250	171	42,750
			2,000		342,000			299,250			

（注）　総平均単価：342,000円÷2,000kg＝@171円

第4問

【解　答】

問1

記号	ア	イ	ウ	エ
（A～H）	F	B	D	H

問2

工事別原価計算表

（単位：円）

摘　要	No.301	No.302	No.401	No.402	計
月初未成工事原価	1,156,000	2,006,000	——	——	3,162,000
当月発生工事原価					
材　料　費	414,000	539,000	491,000	562,000	2,006,000
労　務　費	189,000	307,500	442,500	474,000	1,413,000
外　注　費	670,000	873,000	1,296,000	972,000	3,811,000
直　接　経　費	127,000	230,500	170,500	242,000	770,000
工　事　間　接　費	56,000	78,000	96,000	90,000	320,000
当月完成工事原価	——	4,034,000	2,496,000	——	6,530,000
月末未成工事原価	2,612,000	——	——	2,340,000	4,952,000

工事間接費配賦差異月末残高 ￥ 5,500　記号（AまたはB）　A

【解　説】

問1

1．原価とは，特定の目的のために消費された経済価値を貨幣により計上したものである。

2．原価は企業経営を考えた場合に，利益計上のために一定の給付に転化された価値消費である。

3．企業会計では，原価は収益獲得の根幹である経営目的に関連している。

4．収益獲得のためにさまざまな支出が発生するが，原価は正常的かつ経常的に収益に対応するものでなければならない。

問2

1．月初未成工事原価

No.301：203,000円＋182,000円＋650,000円＋121,000円＝1,156,000円

No.302：580,000円＋324,000円＋910,000円＋192,000円＝2,006,000円

2．直接労務費

No.301：126時間×@1,500円＝189,000円

No.302：205時間×@1,500円＝307,500円

No.303：295時間×@1,500円＝442,500円

No.304：316時間×@1,500円＝474,000円

3．工事間接費

(1)　予定配賦率：$\dfrac{3,260,000円}{81,500,000円}=0.04$

(2)　予定配賦額

No.301：（414,000円＋189,000円＋　670,000円＋127,000円）×0.04＝56,000円

No.302：（539,000円＋307,500円＋　873,000円＋230,500円）×0.04＝78,000円

No.303：（491,000円＋442,500円＋1,296,000円＋170,500円）×0.04＝96,000円

No.304：（562,000円＋474,000円＋　972,000円＋242,000円）×0.04＝90,000円

4．工事間接費配賦差異

<table>
<tr><td colspan="4" align="center">工事間接費</td></tr>
<tr><td>実際発生額</td><td>323,000</td><td>No.301</td><td>56,000</td></tr>
<tr><td></td><td></td><td>No.302</td><td>78,000</td></tr>
<tr><td></td><td></td><td>No.303</td><td>96,000</td></tr>
<tr><td></td><td></td><td>No.304</td><td>90,000</td></tr>
<tr><td></td><td></td><td>配賦差異</td><td>3,000</td></tr>
</table>

<table>
<tr><td colspan="4" align="center">工事間接費配賦差異</td></tr>
<tr><td>前 月 繰 越</td><td>2,500</td><td>月 末 残 高</td><td>5,500</td></tr>
<tr><td>工事間接費</td><td>3,000</td><td></td><td></td></tr>
</table>

第5問

【解 答】

精 算 表

（単位：円）

勘定科目	残高試算表 借方	残高試算表 貸方	整理記入 借方	整理記入 貸方	損益計算書 借方	損益計算書 貸方	貸借対照表 借方	貸借対照表 貸方
現　　　　金	21,600		③　1,200				22,800	
当 座 預 金	123,000		①　13,500	①　1,200			135,300	
受 取 手 形	43,000						43,000	
完成工事未収入金	425,000			⑤　18,000			407,000	
貸 倒 引 当 金		4,500		⑥　900				5,400
未成工事支出金	266,400		②　800 ⑦　760 ⑧　8,700	④　2,000 ⑨　33,600			241,060	
材 料 貯 蔵 品	2,600			②　800			1,800	
仮 　 払 　 金	32,900			③　5,000 ⑩　27,900				
機 械 装 置	123,000						123,000	
機械装置減価償却累計額		65,000	④　2,000					63,000
備　　　　品	60,000						60,000	
備品減価償却累計額		30,000		④　15,000				45,000
支 払 手 形		65,000						65,000
工 事 未 払 金		115,000						115,000
借 　 入 　 金		120,000						120,000
未 　 払 　 金		61,000		①　13,500				74,500
未成工事受入金		71,000						71,000
仮 　 受 　 金		18,000	⑤　18,000					
完成工事補償引当金		14,500		⑦　760				15,260
退職給付引当金		134,000		⑧　11,500				145,500
資 　 本 　 金		100,000						100,000
繰越利益剰余金		74,200						74,200
完 成 工 事 高		7,630,000				7,630,000		
完 成 工 事 原 価	6,694,000		⑨　33,600		6,727,600			
販売費及び一般管理費	694,000				694,000			
受取利息配当金		7,800				7,800		
支 払 利 息	24,500		①　1,200		25,700			
	8,510,000	8,510,000						
旅 費 交 通 費			③　3,800		3,800			
減 価 償 却 費			④　15,000		15,000			
貸倒引当金繰入額			⑥　900		900			
退職給付引当金繰入額			⑧　2,800		2,800			
未 払 法 人 税 等				⑩　22,500				22,500
法人税,住民税及び事業税			⑩　50,400		50,400			
			152,660	152,660	7,520,200	7,637,800	1,033,960	916,360
当期（純利益）					117,600			117,600
					7,637,800	7,637,800	1,033,960	1,033,960

【解 説】

整理記入欄で行われている決算整理仕訳を示せば，次の通りである。

1．当座預金勘定の修正（整理記入①）

(1) 時間外預入…仕訳済のため処理不要

(2) 未渡小切手

（借）当 座 預 金　13,500　　（貸）未　払　金　13,500

(3) 引落未通知

（借）支 払 利 息　1,200　　（貸）当 座 預 金　1,200

2．材料減耗損の計上（整理記入②）

（借）未成工事支出金　800　　（貸）材 料 貯 蔵 品　800

3．仮払金の精算（整理記入③）

(1) 出張旅費精算

（借）旅 費 交 通 費　3,800　　（貸）仮　払　金　5,000
　　　現　　　金　1,200

(2) 法人税等の中間納付

　　仮払金の残額27,900円（＝32,900円－5,000円）は，後述する「10. 未払法人税等の計上」で整理するので，そちらを参照のこと。

4．減価償却費の計上（整理記入④）

(1) 機械装置

（借）機械装置減価償却累計額　2,000　　（貸）未成工事支出金　2,000

　　※　内訳

　　　　年間計上額：@2,500円×12か月＝30,000円

　　　　実際発生額：28,000円

　　　　超　過　額：30,000円－28,000円＝2,000円

(2) 備品

（借）備品減価償却費　15,000　　（貸）備品減価償却累計額　15,000

　　※　内訳：（60,000円－30,000円）×0.500＝15,000円

5．仮受金の精算（整理記入⑤）

（借）仮　受　金　18,000　　（貸）完成工事未収入金　18,000

6．貸倒引当金の設定（整理記入⑥）

（借）貸倒引当金繰入額　900　　（貸）貸 倒 引 当 金　900

　　※　内訳：（43,000円＋425,000円－18,000円）×1.2％－4,500円＝900円

7．完成工事補償引当金の計上（整理記入⑦）

（借）未成工事支出金　760　　（貸）完成工事補償引当金　760

　　※　内訳：7,630,000円×0.2％－14,500円＝760円

8. 退職給付引当金の繰入（整理記入⑧）

（借）退職給付引当金
　　　繰　入　額　　　2,800　　（貸）退職給付引当金　11,500

　　　未成工事支出金　8,700

9. 完成工事原価の調整（整理記入⑨）

（借）完 成 工 事 原 価　33,600　　（貸）未成工事支出金　33,600

未成工事支出金

残 高 試 算 表	266,400	④	機 械 装 置 減価償却累計額	2,000
②材 料 貯 蔵 品	800	⑨	完 成 工 事 原 価	33,600
⑦完 成 工 事 補 償 　引　当　金	760		次 期 繰 越	241,060
⑧退職給付引当金	8,700			
	276,660			276,660

10. 未払法人税等の計上（整理記入⑩）

（借）法人税，住民税
　　　及 び 事 業 税　50,400　　（貸）仮　払　金　27,900

　　　　　　　　　　　　　　　　　　未払法人税等　22,500

　※　内訳：{(7,630,000円＋7,800円)－(6,727,600円＋694,000円＋25,700円
　　　　　＋3,800円＋15,000円＋900円＋2,800円)}×30％＝50,400円

第32回(令和4年度下期)検定試験

第1問

【解　答】

No.	借　方			貸　方		
	記号	勘定科目	金額	記号	勘定科目	金額
(例)	B	当座預金	100,000	A	現金	100,000
(1)	L	資本金	12,000,000	M	その他資本剰余金	12,000,000
(2)	K	未払法人税等	2,300,000	A	現金	2,300,000
(3)	G	機械装置	1,600,000	G	機械装置	1,500,000
				B	当座預金	100,000
(4)	A	現金	520,000	U	償却債権取立益	520,000
(5)	D	完成工事未収入金	10,640,000	Q	完成工事高	10,640,000

【解　説】

1．資本金減少分は，その他資本剰余金勘定で処理する。

2．確定法人税額から中間申告分を控除した金額が，納付額になる。

　　納付額：3,800,000円－1,500,000円＝2,300,000円

3．自己資産の帳簿価額と交換差金の合計額が，新資産の取得価額になる。

　　新クレーン取得価額：1,500,000円＋100,000円＝1,600,000円

4．前期に貸倒処理した完成工事未収入金の当期回収額は，償却債権取立益勘定で処理する。

5．完成工事高は，下記の方法で計算できる。

　(1)　前期，当期合計：$28,000,000円 \times \dfrac{1,666,000円 + 9,548,000円}{24,920,000円} = 12,600,000円$

　(2)　前期計上額：$28,000,000円 \times \dfrac{1,666,000円}{23,800,000円} = 1,960,000円$

　(3)　当期計上額：(1)－(2)＝10,640,000円

第2問

【解　答】

(1)　¥ 　10,036,000

(2)　¥ 　26,000

(3)　¥ 　312,500

(4)　¥ 　1,200,000

【解　説】

1．当期末未払賃金

賃金給料

当月支給総額	31,530,000	当月末未払賃金	9,356,000
当月末未払賃金	10,036,000	当月労務費	32,210,000
	41,566,000		41,566,000

2．当座預金残高の差額

① 時間外預入：会社処理済　仕訳なし

② 未渡小切手：

（借）当 座 預 金　　15,000　　（貸）未 　払 　金　　15,000

③ 引落未通知：

（借）支 払 利 息　　2,000　　（借）当 座 預 金　　2,000

④ 未取付小切手：会社処理済　仕訳なし

企業側	**当 座 預 金**			銀行側	**当 座 預 金**		
整理前 1,254,000		③	2,000	現在残高 1,280,000		④	18,000
②	15,000	残　高	1,267,000	①	5,000	残　高	1,267,000

※　差額：1,254,000円－1,280,000円＝26,000円

3．固定資産売却損益

固定資産売却損：$5,000,000円 - 12,500,000円 \times \dfrac{8年 - 5年}{8年} = 312,500円$

4．保険金受取額

(1)　焼　失　時

（借）保 険 未 決 算　　1,000,000　　（貸）建 　　物　　3,500,000

　　　建　　物
　　　減価償却累計額　　2,500,000

(2)　保険金受取時

（借）現 　　金　　1,200,000　　（貸）保 険 未 決 算　　1,000,000

　　　　　　　　　　　　　　　　　　　　保 険 差 益　　200,000

第3問

【解 答】

問1　¥ 　　　2,300

問2　¥ 　　　552,000

問3　¥ 　　　13,000　　　記号（AまたはB）　A

【解 説】

問1

予定配賦率： $\dfrac{78,660,000円}{34,200時間}$ ＝@2,300円

問2

No.201の予定配賦額：240時間×@2,300円＝552,000円

問3

予定配賦額：（350時間＋240時間＋2,100時間）×@2,300円＝6,187,000円

配賦差異：6,200,000円－6,187,000円＝13,000円……借方差異

従業員給料手当

実 際 発 生　6,200,000	予 定 配 賦　6,187,000
	配 賦 額　　　13,000

給料手当配賦差異

従業員給料手当　　13,000	←借方差異

第4問

【解答】

問1

記号 (A〜G)	1	2	3	4
	C	G	A	D

問2

完成工事原価報告書

自　20×2年9月1日
至　20×2年9月30日　　　（単位：円）

Ⅰ. 材　料　費		1,001,000
Ⅱ. 労　務　費		2,855,000
Ⅲ. 外　注　費		6,375,000
Ⅳ. 経　　費		1,695,560
完成工事原価		11,926,560

工事間接費配賦差異月末残高　　3,240　円　　記号（AまたはB）　A

【解説】

問1

部門共通費の配賦基準には，下記のようなものが考えられる。

　サービス量配賦基準……動力使用量などの用役提供によるもの

　活 動 量 配 賦 基 準……作業時間などの生産活動によるもの

　規 模 配 賦 基 準……作業スペース等による専有面積によるもの

　複 合 配 賦 基 準……いくつかの配賦基準を組み合わせたもので，製品運搬による場合には重量と運搬回数を基準とする。

問2

1．当月の工事原価計算表

工事原価計算表

（単位：円）

内　訳	No.701	No.801	No.901	No.902	合　計
月初未完成工事	1,682,000	1,515,000	－	－	3,197,000
材　料　費	150,000	88,000	374,000	90,000	702,000
労　務　費	450,000	513,000	819,000	621,000	2,403,000
外　注　費	1,120,000	2,321,000	1,523,000	820,000	5,784,000
経　　　費	290,000	385,000	302,000	212,000	1,189,000
甲　部　門　費	4,500	2,640	11,220	2,700	21,060
乙　部　門　費	33,000	70,400	272,800	63,800	440,000
合　　計	3,729,500	4,895,040	3,302,020	1,809,500	13,736,060

※　材料費の内訳

材　料　元　帳

（先入先出法）　　　　　　9　月　　　　（数量：kg　単価及び金額：円）

日付		摘　要	受入			払出			残高		
			数量	単価	金額	数量	単価	金額	数量	単価	金額
9	1	前月繰越	800	220	176,000				800	220	176,000
	2	No.801払出				400	220	88,000	400	220	88,000
	5	仕　入	1,600	250	400,000				400	220	88,000
									1,600	250	400,000
	9	No.901払出				400	220	88,000			
						800	250	200,000	800	250	200,000
	15	No.701払出				600	250	150,000	200	250	50,000
	22	仕　入	1,200	180	216,000				200	250	50,000
									1,200	180	216,000
	26	No.901払出				200	250	50,000			
						200	180	36,000	1,000	180	180,000
	27	No.902払出				500	180	90,000	500	180	90,000

No.701（9月15日）：600kg×@250円＝150,000円

No.801（9月2日）：400kg×@220円＝　88,000円

No.901（9月9日，26日）：(400kg×@220円)＋(800kg×@250円)

＋(200kg×@250円)＋(200kg×@180円)

＝374,000円

No.902（9月27日）：500kg×@180円＝　90,000円

※　部門費の配賦額

甲部門費：No.701　150,000円 × 3 ％ ＝ 4,500円

No.801　 88,000円 × 3 ％ ＝ 2,640円

No.901　374,000円 × 3 ％ ＝11,220円

No.902　 90,000円 × 3 ％ ＝ 2,700円

乙部門費：No.701　@2,200円 × 15時間 ＝ 33,000円

No.801　@2,200円 × 32時間 ＝ 70,400円

No.901　@2,200円 ×124時間 ＝272,800円

No.902　@2,200円 × 29時間 ＝ 63,800円

２．完成工事原価報告書の内訳

（単位：円）

内　訳	月初未成工事		当　　月投入原価	月末未成工事	完　　成工事原価
	No.701	No.801		No.902	
材　料　費	218,000	171,000	702,000	90,000	1,001,000
労　務　費	482,000	591,000	2,403,000	621,000	2,855,000
外　注　費	790,000	621,000	5,784,000	820,000	6,375,000
直接経費	192,000	132,000	1,189,000	212,000	⎫
甲部門費	－	－	21,060	2,700	⎬ 1,695,560
乙部門費	－	－	440,000	63,800	⎭
合　　計	1,682,000	1,515,000	10,539,060	1,809,500	11,926,560

３．工事間接費配賦差異

工事間接費

甲 部 門（実　際）	20,000	甲 部 門（予　定）	21,060
乙 部 門（実　際）	441,000	乙 部 門（予　定）	440,000
配賦差異（甲部門）	1,060	配賦差異（乙部門）	1,000

工事間接費配賦差異

前月繰越（甲部門）	5,600	前月繰越（乙部門）	2,300
当月乙部門	1,000	当月甲部門	1,060
		次期繰越	3,240

↑
借方差異

第5問

【解答】

精 算 表

（単位：円）

勘 定 科 目	残高試算表 借 方	残高試算表 貸 方	整 理 記 入 借 方	整 理 記 入 貸 方	損益計算書 借 方	損益計算書 貸 方	貸借対照表 借 方	貸借対照表 貸 方
現 金	23,500			① 700			22,800	
当 座 預 金	152,900						152,900	
受 取 手 形	255,000						255,000	
完成工事未収入金	457,000			⑤ 12,000			445,000	
貸 倒 引 当 金		8,000		⑥ 400				8,400
未成工事支出金	151,900		④ 3,000 / ⑦ 166 / ⑧ 13,500 / ⑨ 9,300	② 1,200 / ⑩ 64,366			112,300	
材 料 貯 蔵 品	3,300		② 1,200				4,500	
仮 払 金	32,600			③ 900 / ⑪ 31,700				
機 械 装 置	250,000						250,000	
機械装置減価償却累計額		150,000		④ 3,000				153,000
備 品	60,000						60,000	
備品減価償却累計額		20,000		④ 20,000				40,000
建 設 仮 勘 定	48,000			④ 48,000				
支 払 手 形		32,500						32,500
工 事 未 払 金		95,000						95,000
借 入 金		196,000						196,000
未 払 金		48,100						48,100
未成工事受入金		233,000						233,000
仮 受 金		12,000	⑤ 12,000					
完成工事補償引当金		19,000		⑦ 166				19,166
退職給付引当金		187,000		⑨ 12,500				199,500
資 本 金		100,000						100,000
繰越利益剰余金		117,320						117,320
完 成 工 事 高		9,583,000				9,583,000		
完 成 工 事 原 価	7,566,000		⑩ 64,366		7,630,366			
販売費及び一般管理費	1,782,000				1,782,000			
受取利息配当金		17,280				17,280		
支 払 利 息	36,000		③ 600		36,600			
	10,818,200	10,818,200						
雑 損 失			① 700		700			
前 払 費 用			③ 300				300	
備品減価償却費			④ 20,000		20,000			
建 物			④ 48,000				48,000	
建物減価償却費			④ 2,000		2,000			
建物減価償却累計額				④ 2,000				2,000
貸倒引当金繰入額			⑥ 400		400			
賞与引当金繰入額			⑧ 5,000		5,000			
賞 与 引 当 金				⑧ 18,500				18,500
退職給付引当金繰入額			⑧ 3,200		3,200			
未払法人税等				⑪ 4,304				4,304
法人税, 住民税及び事業税			⑪ 36,004		36,004			
			219,736	219,736	9,516,270	9,600,280	1,350,800	1,266,790
当期（純利益）					84,010			84,010
					9,600,280	9,600,280	1,350,800	1,350,800

【解　説】

整理記入欄で行われている決算整理仕訳を示せば，次の通りである。

１．現金勘定の修正（整理記入①）

（借）雑　損　失　　　700　　　（貸）現　　　金　　　700

２．仮設材料の戻し分（整理記入②）

（借）材料貯蔵品　　1,200　　　（貸）未成工事支出金　　1,200

３．仮払金の精算（整理記入③）

(1) 支払利息の精算

（借）支　払　利　息　　600　　　（貸）仮　払　金　　　900
　　　前　払　費　用　　300

(2) 法人税等の中間納付

仮払金の残額31,700円（＝32,600円－900円）は，後述する「11．未払法人税等の計上」時に整理するので，そちらを参照のこと。

４．減価償却費の計上（整理記入④）

(1) 機械装置

（借）未成工事支出金　　3,000　　　（貸）機械装置減価償却累計額　　3,000

※　内訳

年間発生額：@3,500円×12か月＝42,000円

実際発生額：45,000円

不　足　額：45,000円－42,000円＝3,000円

(2) 備　品

（借）備品減価償却費　　20,000　　　（貸）備品減価償却累計額　　20,000

※　内訳：$60,000円 × \dfrac{1年}{3年} = 20,000円$

(3) 建　物

（借）建　　物　　48,000　　　（貸）建設仮勘定　　48,000
　　　建物減価償却費　　2,000　　　　　建物減価償却累計額　　2,000

※　内訳：$48,000円 × \dfrac{1年}{24年} = 2,000円$

５．仮受金の精算（整理記入⑤）

（借）仮　受　金　　12,000　　　（貸）完成工事未収入金　　12,000

６．貸倒引当金の繰入（整理記入⑥）

（借）貸倒引当金繰入額　　400　　　（貸）貸倒引当金　　400

※　内訳：（255,000円＋457,000円－12,000円）×1.2％－8,000円＝400円

7. 完成工事補償引当金の計上 （整理記入⑦）

（借）未成工事支出金	166	（貸）完 成 工 事 補 償 引 当 金	166

※　内訳：9,583,000円×0.2％－19,000円＝166円

8. 賞与引当金の繰入 （整理記入⑧）

（借）賞与引当金繰入額	5,000	（貸）賞 与 引 当 金	18,500
未成工事支出金	13,500		

9. 退職給付引当金の繰入 （整理記入⑨）

（借）退職給付引当金 繰 入 額	3,200	（貸）退職給付引当金	12,500
未成工事支出金	9,300		

10. 完成工事原価の調整 （整理記入⑩）

（借）完 成 工 事 原 価	64,366	（貸）未成工事支出金	64,366

未成工事支出金

残 高 試 算 表	151,900	②材 料 貯 蔵 品	1,200
④機 械 装 置 減価償却累計額	3,000	⑩完 成 工 事 原 価	64,366
⑦完 成 工 事 補 償 引 当 金	166	次 期 繰 越	112,300
⑧賞 与 引 当 金	13,500		
⑨退職給付引当金	9,300		
	177,866		177,866

11. 未払法人税等の計上 （整理記入⑪）

（借）法人税，住民税 及 び 事 業 税	36,004	（貸）仮 払 金	31,700
		未 払 法 人 税 等	4,304

※　内訳：｛(9,583,000円＋17,280円)－(7,630,366円＋1,782,000円＋36,600円
　　　　＋700円＋20,000円＋2,000円＋400円＋5,000円＋3,200円)｝×30％
　　　　＝36,004円(円未満切捨)

第1問

【解　答】

No.	借 方			貸 方		
	記号	勘 定 科 目	金 額	記号	勘 定 科 目	金 額
（例）	B	当 座 預 金	100,000	A	現　　　　　金	100,000
(1)	K	別 途 積 立 金	1,800,000	L	繰越利益剰余金	1,800,000
(2)	D	建　　　　物	21,000,000	E B	建 設 仮 勘 定 当 座 預 金	7,000,000 14,000,000
(3)	C S	投 資 有 価 証 券 有 価 証 券 利 息	4,900,000 7,750	B	当 座 預 金	4,907,750
(4)	G U	機械装置減価償却累計額 火 災 未 決 算	4,920,000 3,280,000	J	機 械 装 置	8,200,000
(5)	H	完成工事補償引当金	500,000	F	工 事 未 払 金	500,000

【解　説】

1．別途積立金は，株主総会により繰越利益剰余金を積み立てたものである。したがって，取り崩すときは，再び繰越利益剰余金勘定に振り替えることになる。

2．契約時に支払った金額は，建設仮勘定に計上されているので，今回の支払い額と合わせて建物勘定に振り替える。

3．社債購入は，投資有価証券勘定を計上し，直前の利払日の翌日である4月1日から購入日の5月1日までの31日間の端数利息を計上する。

有価証券利息：$5,000,000 円 \times 1.825 \% \times \dfrac{31 日}{365 日} = 7,750 円$

4．帳簿価額のうち，保険金での補填が判明するまでは，火災未決算勘定で処理することになる。

5．前期工事の補修であり，完成工事補償引当金勘定が計上されているので，これを取り崩すことになる。

第2問

【解　答】

(1)　¥ | 142 |

(2)　¥ | 16,000,000 |

(3)　| 6 | 年

(4)　¥ | 8,000,000 |

【解　説】

1．期末材料の取引価格

$$取引単価：@150円 － \frac{25,200円}{3,200個 － 50個} ＝ @142円$$

2．当期の完成工事高

(1)　前期・当期合計：$80,000,000円 × \dfrac{9,000,000円 ＋ 10,600,000円}{56,000,000円} ＝ 28,000,000円$

(2)　前期計上額：$80,000,000円 × \dfrac{9,000,000円}{60,000,000円} ＝ 12,000,000円$

(3)　当期計上額：(1)－(2)＝28,000,000円 － 12,000,000円 ＝ 16,000,000円

3．平均耐用年数

(1)　1年分の減価償却費

機械装置A：(2,500,000円 － 250,000円) ÷ 5年 ＝ 450,000円 ⎫
機械装置B：(5,200,000円 － 250,000円) ÷ 9年 ＝ 550,000円 ⎪　計：1,260,000円
機械装置C：(　600,000円 － 90,000円) ÷ 3年 ＝ 170,000円 ⎬
機械装置D：(　300,000円 － 30,000円) ÷ 3年 ＝ 90,000円 ⎭

(2)　償却可能額

機械装置A：2,500,000円 － 250,000円 ＝ 2,250,000円 ⎫
機械装置B：5,200,000円 － 250,000円 ＝ 4,950,000円 ⎪　計：7,980,000円
機械装置C：　600,000円 － 90,000円 ＝　510,000円 ⎬
機械装置D：　300,000円 － 30,000円 ＝　270,000円 ⎭

(3)　平均耐用年数

$$\frac{7,980,000円}{1,260,000円} ＝ 6.333\cdots（小数点以下切捨）\cdots\cdots 6年$$

4．賞与引当金計上額

$$計上額：12,000,000円 × \frac{4か月（12月～3月）}{6か月} ＝ 8,000,000円$$

第3問

【解答】

部 門 費 振 替 表　　　（単位：円）

摘　要	合　計	施行部門			補助部門		
		工事第1部	工事第2部	工事第3部	(仮設) 部門	(機械) 部門	(運搬) 部門
部門費合計	17,618,730	5,435,000	8,980,000	2,340,000	253,430	425,300	185,000
(運搬) 部門	185,000	46,250	74,000	51,800	9,250	3,700	——
(機械) 部門	429,000	137,280	150,150	107,250	34,320	429,000	——
(仮設) 部門	297,000	89,100	118,800	89,100	297,000	——	——
合　計	17,618,730	5,707,630	9,322,950	2,588,150	——	——	——
(配賦金額)	——	272,630	342,950	248,150	——	——	——

【解説】

1. 運搬部門費配賦

$$185,000円 \times \begin{cases} 25\% = 46,250円 \cdots\cdots 工事第1部門 \\ 40\% = 74,000円 \cdots\cdots 工事第2部門 \\ 28\% = 51,800円 \cdots\cdots 工事第3部門 \\ 5\% = 9,250円 \cdots\cdots 仮設部門 \\ 2\% = 3,700円 \cdots\cdots 機械部門 \end{cases}$$

2. 機械部門費配賦

$$(425,300円 + 3,700円) \times \begin{cases} 32\% = 137,280円 \cdots\cdots 工事第1部門 \\ 35\% = 150,150円 \cdots\cdots 工事第2部門 \\ 25\% = 107,250円 \cdots\cdots 工事第3部門 \\ 8\% = 34,320円 \cdots\cdots 仮設部門 \end{cases}$$

3. 仮設部門費配賦

$$(253,430円 + 9,250円 + 34,320円) \times \begin{cases} 30\% = 89,100円 \cdots\cdots 工事第1部門 \\ 40\% = 118,800円 \cdots\cdots 工事第2部門 \\ 30\% = 89,100円 \cdots\cdots 工事第3部門 \end{cases}$$

第4問

【解答】

問1

記号	1	2	3	4	5
（A～C）	A	B	C	C	A

問2

工事別原価計算表

（単位：円）

摘　要	No. 501	No. 502	No. 601	No. 602	計
月初未成工事原価	1,329,000	2,778,400	――	――	4,107,400
当月発生工事原価					
材　料　費	258,000	427,000	544,000	175,000	1,404,000
労　務　費	321,300	531,300	785,400	403,200	2,041,200
外　注　費	765,000	958,000	2,525,000	419,000	4,667,000
直　接　経　費	95,700	113,700	195,600	62,800	467,800
工 事 間 接 費	57,600	81,200	162,000	42,400	343,200
当月完成工事原価	2,826,600	――	4,212,000	――	7,038,600
月末未成工事原価	――	4,889,600	――	1,102,400	5,992,000

工事間接費配賦差異月末残高　¥ ［ 1,300 ］　記号（AまたはB） ［ A ］

【解　説】

問1

　1．材料関係の支出であるために，工事原価になる。

　2．本社経理部の負担すべき旅費交通費であるために，期間費用である。

　3．銀行借入の支払利息は営業外費用になるため，工事原価はもちろん期間費用にも該当しないために，非原価項目になる。

　4．盗難損失になり，特別損失項目であり非原価に該当する。

　5．工事関係者の人件費であり，労務費として工事原価として取り扱われることになる。

問2

1．労務費の予定配賦

　　No. 501：153時間×@2,100円＝321,300円 ⎤
　　No. 502：253時間×@2,100円＝531,300円 ⎥
　　　　　　　　　　　　　　　　　　　　　　　　2,041,200円
　　No. 601：374時間×@2,100円＝785,400円 ⎥
　　No. 601：192時間×@2,100円＝403,200円 ⎦

２．工事直接費

No. 501：258,000円 + 321,300円 +　　765,000円 +　95,700円 = 1,440,000円

No. 502：427,000円 + 531,300円 +　　958,000円 + 113,700円 = 2,030,000円

No. 601：544,000円 + 785,400円 + 2,525,000円 + 195,600円 = 4,050,000円

No. 602：175,000円 + 403,200円 +　　419,000円 +　62,800円 = 1,060,000円

３．工事間接費配賦

(1)　予定配賦率

$$予定配賦率：\frac{工事間接費予算額}{直接原価発生見込額} = \frac{2,252,000円}{56,300,000円} = 0.04$$

(2)　予定配賦額

No. 501：1,440,000円 × 0.04 =　57,600円 ⎫

No. 502：2,030,000円 × 0.04 =　81,200円 ⎬ 343,200円

No. 601：4,050,000円 × 0.04 = 162,000円 ⎪

No. 601：1,060,000円 × 0.04 =　42,400円 ⎭

(3)　工事間接費配賦差異

工事間接費配賦差異

前 月 繰 越	3,500	予定配賦額	343,200
実際発生額	341,000	→借方残高	1,300（A）

４．月初未成工事支出金

No. 501：235,000円 + 329,000円 +　　650,000円 + 115,000円 = 1,329,000円

No. 502：580,000円 + 652,000円 + 1,328,000円 + 218,400円 = 2,778,400円

第5問

【解 答】

精 算 表

（単位：円）

勘定科目	残高試算表 借方	貸方	整理記入 借方	貸方	損益計算書 借方	貸方	貸借対照表 借方	貸方
現 金	19,800		③ 500	① 800 / ① 600			18,900	
当 座 預 金	214,500						214,500	
受 取 手 形	112,000						112,000	
完成工事未収入金	565,000			⑥ 7,000			558,000	
貸 倒 引 当 金		7,800		⑦ 240				8,040
有 価 証 券	171,000			⑤ 18,000			153,000	
未成工事支出金	213,500		② 1,000 / ④ 2,000 / ⑧ 500 / ⑨ 8,600	⑩ 93,600			132,000	
材 料 貯 蔵 品	2,800			② 1,000			1,800	
仮 払 金	28,000			③ 3,000 / ⑪ 25,000				
機 械 装 置	300,000						300,000	
機械装置減価償却累計額		162,000		④ 2,000				164,000
備 品	90,000						90,000	
備品減価償却累計額		30,000		④ 30,000				60,000
支 払 手 形		43,200						43,200
工 事 未 払 金		102,500						102,500
借 入 金		238,000						238,000
未 払 金		124,000						124,000
未成工事受入金		89,000		⑥ 21,000				110,000
仮 受 金		28,000	⑥ 7,000 / ⑥ 21,000					
完成工事補償引当金		24,100		⑧ 500				24,600
退職給付引当金		113,900		⑨ 11,400				125,300
資 本 金		100,000						100,000
繰越利益剰余金		185,560						185,560
完 成 工 事 高		12,300,000				12,300,000		
完 成 工 事 原 価	10,670,800		⑩ 93,600		10,764,400			
販売費及び一般管理費	1,167,000				1,167,000			
受取利息配当金		23,400				23,400		
支 払 利 息	17,060				17,060			
	13,571,460	13,571,460						
事務用消耗品費			① 800		800			
旅 費 交 通 費			③ 2,500		2,500			
雑 損 失			① 600		600			
備品減価償却費			④ 30,000		30,000			
有価証券評価損			⑤ 18,000		18,000			
貸倒引当金繰入額			⑦ 240		240			
退職給付引当金繰入額			⑨ 2,800		2,800			
未 払 法 人 税 等				⑪ 71,000				71,000
法人税, 住民税及び事業税			⑪ 96,000		96,000			
			285,140	285,140	12,099,400	12,323,400	1,580,200	1,356,200
当 期 （純利益）					224,000			224,000
					12,323,400	12,323,400	1,580,200	1,580,200

- 166 -

【解　説】

　整理記入欄で行われている決算整理仕訳を示せば，次の通りである。

１．現金勘定の修正（整理記入①）

　(1)　事務用消耗品費未処理分

　　（借）事務用消耗品費　　　　800　　　（貸）現　　　　　金　　　　800

　(2)　不一致額の処理

　　（借）雑　損　　失　　　　　600　　　（貸）現　　　　　金　　　　600

　　　※　内訳：(19,800円－800円)－18,400円＝600円

２．材料消耗損（整理記入②）

　　（借）未成工事支出金　　　1,000　　　（貸）材料貯蔵品　　　1,000

３．仮払金の精算（整理記入③）

　(1)　出張旅費の精算

　　（借）旅費交通費　　　　2,500　　　（貸）仮　払　金　　　3,000
　　　　　現　　　　　金　　　　500

　(2)　法人税等の中間納付

　　　仮払金のうちの25,000円（＝28,000－3,000）は，後述する「11．未払法人税等
　　の計上」時に整理するので，そちらを参照のこと。

４．減価償却費の計上（整理記入④）

　(1)　機械装置

　　（借）未成工事支出金　　　2,000　　　（貸）機械装置
　　　　　　　　　　　　　　　　　　　　　　　減価償却累計額　　2,000

　　　※　内訳
　　　　　年間計上額：＠4,500円×12か月＝54,000円
　　　　　実際発生額：56,000円
　　　　　不　足　額：56,000円－54,000円＝2,000円

　(2)　備　　品

　　（借）備品減価償却費　　　30,000　　　（貸）備　　　　品
　　　　　　　　　　　　　　　　　　　　　　　減価償却累計額　　30,000

　　　※　内訳：90,000円÷3年＝30,000円

５．有価証券評価損の計上（整理記入⑤）

　　（借）有価証券評価損　　　18,000　　　（貸）有価証券　　18,000

　　　※　内訳：171,000円－153,000＝18,000円

６．仮受金の精算（整理記入⑥）

　(1)　完成工事未収入金の回収

　　（借）仮　受　金　　　　7,000　　　（貸）完成工事未収入金　　7,000

　(2)　未成工事受入金の入金

　　（借）仮　受　金　　　21,000　　　（貸）未成工事受入金　　21,000

7. 貸倒引当金の設定（整理記入⑦）

（借）貸倒引当金繰入額 240 （貸）貸 倒 引 当 金 240

※ 内訳：（112,000円＋565,000円－7,000円）×1.2％－7,800円＝240円

8. 完成工事補償引当金の計上（整理記入⑧）

（借）未成工事支出金 500 （貸）完 成 工 事 補 償 引 当 金 500

※ 内訳：12,300,000円×0.2％－24,100円＝500円

9. 退職給付引当金の繰入（整理記入⑨）

（借）退職給付引当金 繰 入 額 2,800 （貸）退職給付引当金 11,400

　　　未成工事支出金 8,600

10. 完成工事原価の調整（整理記入⑩）

（借）完 成 工 事 原 価 93,600 （貸）未成工事支出金 93,600

未成工事支出金

残 高 試 算 表	213,500	⑩完 成 工 事 原 価	93,600
②材 料 貯 蔵 品	1,000	次 期 繰 越	**132,000**
④機 械 装 置 減価償却累計額	2,000		
⑧完 成 工 事 補 償 引 当 金	500		
⑨退職給付引当金	8,600		
	225,600		225,600

11. 未払法人税等の計上（整理記入⑪）

（借）法人税，住民税 及 び 事 業 税 96,000 （貸）仮 払 金 25,000

　　　　　　　　　　　　　　　　　　　未 払 法 人 税 等 71,000

※ 内訳：｛（12,300,000円＋23,400円）－（10,764,400円＋1,167,000円＋17,060円

　　　　＋800円＋2,500円＋600円＋30,000円＋18,000円＋240円＋2,800円）｝

　　　　×30％＝96,000円

第34回（令和5年度下期）検定試験

第1問

【解　答】

No.	借　　方			貸　　方		
	記号	勘　定　科　目	金　　額	記号	勘　定　科　目	金　　額
（例）	B	当　座　預　金	100,000	A	現　　　　　金	100,000
(1)	B	当　座　預　金	1,560,000	C W	有　価　証　券 有価証券売却益	1,500,000 60,000
(2)	G	建　設　仮　勘　定	5,000,000	L	営業外支払手形	5,000,000
(3)	J S	貸　倒　引　当　金 貸　倒　損　失	800,000 800,000	D	完成工事未収入金	1,600,000
(4)	N	資　本　準　備　金	12,000,000	M	資　　本　　金	12,000,000
(5)	D	完成工事未収入金	7,350,000	Q	完　成　工　事　高	7,350,000

【解　説】

1. 帳簿価額と売却額の差額が，有価証券売却益になる。

　　有価証券売却益：（@520円－@500円）×3,000株＝60,000円

2. 自社家屋の外注支払いは建設仮勘定に計上し，約束手形の払出しは営業外支払手形勘定を計上する。

3. 貸倒引当金の計上されていない部分は，貸倒損失勘定を計上する。

4. 資本準備金の取り崩しと同額を資本金勘定に振り替えればよい。

5. 完成工事高は，下記の方法で計算できる。

(1) 前期，当期合計：$(35,000,000円＋2,000,000円)×\dfrac{4,592,000円＋6,153,000円}{28,700,000円＋2,000,000円}$

　　　　＝12,950,000円

(2) 前期計上額：$35,000,000円×\dfrac{4,592,000円}{28,700,000円}＝5,600,000円$

(3) 当期計上額：(1)－(2)＝7,350,000円

第2問

【解 答】

(1)	¥	4,358,000
(2)	¥	167,000
(3)	¥	30,000
(4)	¥	190,000

【解 説】

1．当月の労務費

労 務 費

当月計上額	4,260,000	前月末未払分	723,000
当月末未払分	821,000	当月労務費	4,358,000

2．本店における支店勘定残高

(1) 本店から支店への備品発送

本店側：

(借) 支　　　　店　　85,000　　(貸) 備　　　　品　　85,000

(2) 支店から本店への送金

本店側：

(借) 現　　　　金　　85,000　　(貸) 支　　　　店　　85,000

(3) 交際費の振替

本店側：

(借) 支　　　　店　　15,000　　(貸) 交　　際　　費　　15,000

(4) 支店勘定残高

支 店 勘 定

期 首 残 高	152,000	(2) 現　　金	85,000
(1) 備　　品	85,000		
(3) 交　際　費	15,000	期 末 残 高	167,000

3．当座預金の残高差額

(1) 時間外預入

会社側では処理済であり，銀行側で預金残高を加算する。

(2) 完成工事未収入金の未通知

(借) 当 座 預 金　　32,000　　(貸) 完成工事未収入金　　32,000

(3) 取立小切手未入金

会社側では入金処理済であるが，銀行には入金処理されていないため，入金を想定して銀行残高に加算する。

(4)　通信費引落未通知

　(借) 通　信　費　　　9,000　　　(貸) 当　座　預　金　　　9,000

(5)　多い金額

会社側	当 座 預 金			銀行側	当 座 預 金	
	30,000	(4)	9,000	(1)	10,000	
(2)	32,000		53,000	(2)	43,000	53,000

4．営業権の償却額

(1)　買収時の処理

(借) 材	料	800,000	(貸) 工 事 未 払 金	1,200,000
建	物	2,200,000	借　入　金	1,800,000
土	地	1,200,000	買 収 金 額	5,000,000
営 業 権		3,800,000		

(2)　営業権償却額

　　償却額（20年）：3,800,000円÷20年＝190,000円

第3問

【解答】

未成工事支出金

前 期 繰 越	2,780,000	E	13,670,000
材 料 費	863,000	次 期 繰 越	3,560,000
労 務 費	3,397,000		
外 注 費	9,595,000		
経 費	595,000		
	17,230,000		17,230,000

完成工事原価

D	13,670,000	F	13,670,000

完成工事高

F	17,500,000	完成工事未収入金	15,500,000
		B	2,000,000
	17,500,000		17,500,000

販売費及び一般管理費

× × × ×	529,000	F	529,000

支 払 利 息

当 座 預 金	21,000	F	21,000

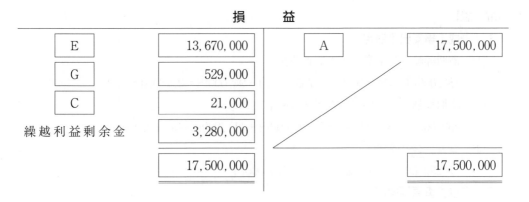

損　　益

E	13,670,000	A		17,500,000
G	529,000			
C	21,000			
繰越利益剰余金	3,280,000			
	17,500,000			17,500,000

完成工事原価報告書

自　20×1年4月1日
至　20×2年3月31日　　　　　　（単位：円）

Ⅰ. 材　料　費		757,000
Ⅱ. 労　務　費		3,331,000
Ⅲ. 外　注　費		9,004,000
Ⅳ. 経　　　　費		578,000
（うち人件費	65,000 ）	
完成工事原価		13,670,000

【解 説】

1．未成工事支出金勘定

(1) 前期繰越……工事原価の期首残高

186,000円＋765,000円＋1,735,000円＋94,000円＝2,780,000円

(2) 次期繰越……工事原価の次期繰越額

292,000円＋831,000円＋2,326,000円＋111,000円＝3,560,000円

(3) 貸方 E の金額

17,230,000円－3,560,000＝13,670,000円

2．完成工事原価勘定

借方 D ，貸方 F は，上記(3)の13,670,000円になる。

3．損 益 勘 定

(1) 借　方

E → 完成工事原価

G → 販売費及び一般管理費

C → 支払利息

繰越利益剰余金 → 貸借の差額として3,280円になる。

(2) 貸　方

A → 完成工事高

4．完成工事原価報告書

材 料 費： 186,000円＋ 863,000円－ 292,000円＝ 757,000円

労 務 費： 765,000円＋3,397,000円－ 831,000円＝3,331,000円

外 注 費：1,735,000円＋9,595,000円－2,326,000円＝9,004,000円

経 費： 94,000円＋ 595,000円－ 111,000円＝ 578,000円

（人 件 費）： 9,000円＋ 68,000円－ 12,000円＝ 65,000円

第4問

【解　答】

問1

記号	1	2	3	4	5
（AまたはB）	A	B	B	B	A

問2

部門費振替表

（単位：円）

摘　　要	工 事 現 場			補 助 部 門		
	A 工 事	B 工 事	C 工 事	仮設部門	車両部門	機械部門
部 門 費 合 計	8,530,000	4,290,000	2,640,000	1,680,000	1,200,000	1,440,000
仮 設 部 門 費	336,000	924,000	420,000			
車 両 部 門 費	324,000	600,000	276,000			
機 械 部 門 費	480,000	720,000	240,000			
補助部門費配賦額合計	1,140,000	2,244,000	936,000			
工 事 原 価	9,670,000	6,534,000	3,576,000			

【解　説】

問1

1．現場安全講習費用であるために，工事原価に算入する。

2．工事管轄支店であるが総務課であり，工事とは直接関係がないと考えられるため，工事原価には算入すべきではない。

3．営業部との懇親会費用であり，工事原価には該当しない。

4．工事資材の盗難は特別な損失であるため，工事原価にはならない。

5．工事契約は工事に直接関係するため，この契約書の印紙代は工事原価と考えて差し支えない。

問2

1．補助部門欄の内訳

仮設部門：336,000円＋924,000円＋420,000円＝1,680,000円

車両部門：1,200,000円……＜資料＞2

機械部門：1,440,000円……＜資料＞2

2．車両部門費の配賦額

　車両部門費1,200,000円のうち600,000円がすでにB工事に配賦されているので，残額の600,000円をA工事とC工事に運搬費を基準にして配賦を行う。

$$A工事：600,000円 \times \frac{135t/km}{135t/km + 115t/km} = 324,000円$$

$$C工事：600,000円 \times \frac{115t/km}{135t/km + 115t/km} = 276,000円$$

3．機械部門費の配賦

　機械部門費1,440,000円のうち240,000円がすでにC工事に配賦されているので，残額の1,200,000円をA工事とB工事に馬力数×時間を基準にして配賦を行う。

$$A工事：1,200,000円 \times \frac{10 \times 40時間}{10 \times 40時間 + 12 \times 50時間} = 480,000円$$

$$B工事：1,200,000円 \times \frac{12 \times 50時間}{10 \times 40時間 + 12 \times 50時間} = 720,000円$$

第5問

【解 答】

精 算 表

(単位：円)

勘定科目	残高試算表 借方	残高試算表 貸方	整理記入 借方	整理記入 貸方	損益計算書 借方	損益計算書 貸方	貸借対照表 借方	貸借対照表 貸方
現 金	17,500			① 7,000			10,500	
当 座 預 金	283,000						283,000	
受 取 手 形	54,000						54,000	
完成工事未収入金	497,500			⑤ 9,000			488,500	
貸 倒 引 当 金		6,800	⑥ 290					6,510
未成工事支出金	212,000		⑦ 1,600 ⑧ 8,400	② 1,500 ④ 6,000 ⑨ 112,400			102,100	
材 料 貯 蔵 品	2,800		② 1,500				4,300	
仮 払 金	28,000			③ 5,000 ⑩ 23,000				
機 械 装 置	500,000						500,000	
機械装置減価償却累計額		122,000	④ 6,000					116,000
備 品	45,000						45,000	
備品減価償却累計額		15,000		④ 15,000				30,000
建 設 仮 勘 定	36,000			④ 36,000				
支 払 手 形		72,200						72,200
工 事 未 払 金		122,500						122,500
借 入 金		318,000						318,000
未 払 金		129,000						129,000
未成工事受入金		65,000		⑤ 16,000				81,000
仮 受 金		25,000	⑤ 9,000 ⑤ 16,000					
完成工事補償引当金		33,800	③ 5,000	⑦ 1,600				30,400
退職給付引当金		182,600		⑧ 11,600				194,200
資 本 金		100,000						100,000
繰越利益剰余金		156,090						156,090
完 成 工 事 高		15,200,000				15,200,000		
完 成 工 事 原 価	13,429,000		⑨ 112,400		13,541,400			
販売費及び一般管理費	1,449,000				1,449,000			
受取利息配当金		25,410				25,410		
支 払 利 息	19,600				19,600			
	16,573,400	16,573,400						
通 信 費			① 5,500		5,500			
雑 損 失			① 1,500		1,500			
備品減価償却費			④ 15,000		15,000			
建 物			④ 36,000				36,000	
建物減価償却費			④ 1,500		1,500			
建物減価償却累計額				④ 1,500				1,500
貸倒引当金戻入				⑥ 290		290		
退職給付引当金繰入額			⑧ 3,200		3,200			
未払法人税等				⑩ 33,700				33,700
法人税, 住民税及び事業税			⑩ 56,700		56,700			
			279,590	279,590	15,093,400	15,225,700	1,523,400	1,391,100
当 期 （純利益）					132,300			132,300
					15,225,700	15,225,700	1,523,400	1,523,400

【解　説】

整理記入欄で行われている決算整理仕訳を示せば，次の通りである。

1．現金勘定の修正（整理記入①）

（借）通 信 費	5,500	（貸）現　　　金	7,000
雑 損 失	1,500		

2．仮設材料の戻し分（整理記入②）

（借）材 料 貯 蔵 品	1,500	（貸）未成工事支出金	1,500

3．仮払金の精算（整理記入③）

(1) 過年度補修費の支払

（借）完 成 工 事 補 償 引 当 金	5,000	（貸）仮 払 金	5,000

(2) 法人税等の中間納付

仮払金の残額23,000円（＝28,000－5,000）は，後述する「10．未払法人税等の計上」時に整理するので，そちらを参照のこと。

4．減価償却費の計上（整理記入④）

(1) 機 械 装 置

（借）機 械 装 置 減価償却累計額	6,000	（貸）未成工事支出金	6,000

※　内訳

年間発生額：@5,500円×12か月＝66,000円

実際発生額：60,000円

超　過　額：66,000円－60,000円＝6,000円

(2) 備　　品

（借）備品減価償却費	15,000	（貸）備　　　　　品 減価償却累計額	15,000

※　内訳：45,000円÷３年＝15,000円

(3) 建　　物

（借）建　　　物	36,000	（貸）建 設 仮 勘 定	36,000
建物減価償却費	1,500	備　　　　　品 減価償却累計額	1,500

※　内訳：36,000円÷24年＝1,500円

5．仮受金勘定の精算（整理記入⑤）

(1) 完成工事未収入金の回収

（借）仮 受 金	9,000	（貸）完成工事未収入金	9,000

(2) 未成工事受入金の入金

（借）仮 受 金	16,000	（貸）未成工事受入金	16,000

6. **貸倒引当金の戻入**（整理記入⑥）

（借）貸 倒 引 当 金　　　　290　　　　（貸）貸倒引当金戻入　　　　290

　※　内訳：(54,000円＋497,500円－9,000円)×1.2%－6,800円＝△290円

7. **完成工事補償引当金の計上**（整理記入⑦）

（借）未成工事支出金　　　1,600　　　　（貸）完 成 工 事 補 償
引 当 金　　　1,600

　※　内訳：15,200,000円×0.2%－(33,800円－5,000円)＝1,600円

8. **退職給付引当金の繰入**（整理記入⑧）

（借）退職給付引当金
繰 入 額　　　3,200　　　　（貸）退職給付引当金　　　11,600

　　　未成工事支出金　　　8,400

9. **完成工事原価の調整**（整理記入⑨）

（借）完 成 工 事 原 価　　112,400　　　　（貸）未成工事支出金　　112,400

未成工事支出金

残 高 試 算 表	212,000	②材 料 貯 蔵 品	1,500
⑦完 成 工 事 補 償 引 当 金	1,600	④機 械 装 置 減価償却累計額	6,000
⑧退職給付引当金	8,400	⑨完 成 工 事 原 価	112,400
		次 期 繰 越	**102,100**
	222,000		222,000

10. **未払法人税等の計上**（整理記入⑩）

（借）法人税, 住民税
及 び 事 業 税　　56,700　　　　（貸）仮 払 金　　　23,000

　　　　　　　　　　　　　　　　　　　　未 払 法 人 税 等　　33,700

　※　内訳：{(15,200,000円＋25,410円＋290円)－(13,541,400円＋1,449,000円
　　　　＋19,600円＋5,500円＋1,500円＋15,000円＋1,500円＋3,200円)}
　　　　×30%＝56,700円

建設業経理士

2級出題傾向と対策〔令和6年度受験用〕

1998年2月1日　　初　版　発　行
2024年7月1日　　令和6年度受験用発行

編　者　税務経理協会

発行者　大坪　克行

発行所　株式会社 税務経理協会
　　　　〒161-0033東京都新宿区下落合1丁目1番3号
　　　　http://www.zeikei.co.jp
　　　　03-6304-0505

印　刷　税経印刷株式会社

製　本　牧製本印刷株式会社

 本書についての
ご意見・ご感想はコチラ

http://www.zeikei.co.jp/contact/

ISBN 978-4-419-07222-3　C3034